电焊工操作技能

主　编　李晓华

副主编　曲秀丽　秦晔

哈尔滨工程大学出版社

Harbin Engineering University Press

内 容 简 介

本教材依据相关电焊工国家职业标准,将标准所要求的基本工艺和基本操作全面汇总,根据其内在联系分章节介绍。本教材对操作过程的描述,主要通过图片来进行,易于读者进行操作,并结合作者自身实践经验,使本书内容易懂、易学。

本教材是参加职业技能鉴定人员实操训练的必读教材,本教材也适用于企业员工和职业院校的学生学习电焊工的基本操作技能。

图书在版编目(CIP)数据

电焊工操作技能/李晓华主编. —哈尔滨:哈尔
滨工程大学出版社,2018.5
　ISBN 978 - 7 - 5661 - 1917 - 9

Ⅰ.①电… Ⅱ.①李… Ⅲ.①电焊—基本知识　Ⅳ.
①TG443

中国版本图书馆 CIP 数据核字(2018)第 104775 号

选题策划　　龚　晨
责任编辑　　张忠远
封面设计　　博鑫设计

出版发行　　哈尔滨工程大学出版社
社　　址　　哈尔滨市南岗区南通大街 145 号
邮政编码　　150001
发行电话　　0451 - 82519328
传　　真　　0451 - 82519699
经　　销　　新华书店
印　　刷　　北京中石油彩色印刷有限责任公司
开　　本　　787 mm×960 mm　1/16
印　　张　　8.5
字　　数　　230 千字
版　　次　　2018 年 5 月第 1 版
印　　次　　2018 年 5 月第 1 次印刷
定　　价　　39.80 元
http://www.hrbeupress.com
E-mail:heupress@ hrbeu.edu.cn

前　　言

为规范焊接专业的发展,提高我国焊接工人的操作技能,国家制定了《国家职业标准——电焊工》。本教材以《国家职业标准——电焊工》为基础,结合我国制造业从业人员实际状况,精选了三部分内容:焊接工艺、焊接材料、焊接操作。在编写本书过程中,力求简单明了、图文并茂,使学习者在学习过程中,能够易读、易懂、易学。在编写焊接工艺内容方面,力求简单够用,达到为焊接操作服务的目的。焊接基本操作技能是本教材的核心章节,焊接基本操作技能所涉及的内容,全部来自《国家职业标准——电焊工》的"技能要求"部分,内容参照国家技能鉴定标准和制造业生产实际。本教材从原材料、焊接工艺参数、基本操作三个方面,结合焊工实际操作过程进行编写,用大量的图片来辅助描述,使读者能够更好地把握焊接操作的要领,掌握规范的焊接操作姿势,为提高焊接质量打下坚实基础。

国家"大众创业、万众创新"理念的建立,依赖装备制造业从业人员适应市场水平。本教材的使用将极大提高焊接专业培训的科学化、规范化水平,并通过提高装备制造业从业人员的水平,持续激发市场主体创造活力,为促进经济社会持续健康发展做出贡献。

《人力资源社会保障部关于公布国家职业资格目录的通知》(人社部发〔2017〕68号)明确将电焊工作为国家技能人员职业资格准入类5项职业资格之一,体现了国家对电焊工等职业技能类工种的要求越来越规范,以及对该类职业工种的培训鉴定工作的重视。准入类职业资格涉及国家安全、公共安全、人身健康、生命财产安全,其培训鉴定工作严格规范,对从业人员的教育和再教育要求严格。本教材的编写正是基于以上要求,并力求满足以上要求。本教材的编写以提升基本操作技能为核心,由浅入深,循序渐进,通俗易懂,实用性强。本教材是参加职业技能鉴定人员实操训练的必读教材,适用于企业员工和职业院校的学生学习电焊工的基本操作技能,也为一体化教师提高操作技能水平提供有效帮助。

本教材由李晓华担任主编,曲秀丽、秦晔担任副主编,参加本书编写的人员包括李启瑞、郭光军、李友生、程永娜、邢秀苹、娄海堂等。同时,一体化教材的编写中理论与实际操作的结合有较大难度,涉及知识面广泛,因此,教材在编写过程中不足之处在所难免,恳切希望各使用单位和个人对教材提出宝贵意见。

编　者

2018 年 1 月

目　　录

第一章 焊工劳动保护与安全

第一节 劳动保护

一、焊接环境中的职业性有害因素

(一)职业性有害因素的种类

在焊条电弧焊、气焊及碳弧气刨时,产生的职业性有害因素主要有以下几方面。

1. 弧光辐射

焊接过程中会产生强烈的弧光,弧光由紫外线、红外线和可见光组成。

2. 焊接烟尘

焊接过程中由于熔化金属蒸发会形成烟尘,气割和碳弧气刨会产生大量烟尘,在狭窄的地方及密闭容器、管道内更为严重。

3. 有毒气体

用碱性焊条焊接时,药皮中的萤石在高温下会产生氟化氢气体,气焊有色金属时也会产生铅、锌等有毒气体。

4. 噪声

切割或碳弧气刨时,会发出很强烈的噪声。

(二)职业性有害因素对人体的伤害

1. 焊工尘肺

焊工尘肺是指焊工长期吸入超过规定浓度的烟尘或粉尘所引起的肺组织纤维化的病症,是焊工易患的一种职业病。

2. 有毒气体中毒

铅、锌等有毒气体进入人体可引起急性中毒。吸入较高浓度的氟化氢气体,可立即引起眼、鼻和呼吸道刺激症状,严重时会导致支气管炎、肺炎等。

3. 眼睛和皮肤的伤害

弧光中的紫外线可对人眼睛造成伤害,引起畏光、眼睛流泪、剧痛等症状,重者可导致电光性眼炎,紫外线还能烧伤皮肤。眼睛受到强红外线的辐射,时间过长会引起白内障。

4. 噪声性耳聋

长期接触噪声可引起噪声性耳聋以及对神经、血管系统造成危害等。

二、劳动保护用品及使用

(一)劳动保护用品种类及要求

1. 工作服

焊接工作服的种类很多,最常用的是棉质白帆布工作服。白色对弧光有反射作用,棉帆布有隔热、耐磨、不易燃烧,可防止烧伤和烫伤等作用。焊接与切割作业的工作服,不能用一般合成纤维织物制作。全位置焊接工作的焊工应配有皮制工作服。

2. 焊工防护手套

焊工防护手套一般由牛(猪)绒面革制或棉帆布和皮革合成材料制成,具有绝缘、耐辐射、耐磨、不易燃和反弹高温金属飞溅物等作用。在可能导电的焊接场所工作时,所用手套应经耐电压 3 000 V 试验,合格后方能使用。

3. 焊工防护鞋

焊工防护鞋应具有绝缘、抗热、不易燃、耐磨损、防滑的性能。焊接防护鞋的鞋底,经耐电压 5 000 V 耐压试验,合格(不击穿)后方能使用。如在易燃、易爆场合焊接时,鞋底不应有鞋钉,以免产生摩擦火星。在有积水的地面焊接切割时,焊工应穿经 6 000 V 耐压试验合格的防水橡胶鞋。

4. 焊接防护面罩

电焊防护面罩上有合乎作业条件的滤光镜片,起到保护眼睛的作用。壳体应选用阻燃或不燃且不刺激皮肤的绝缘材料制成,应遮住面部和耳朵,无漏光,起到防止弧光辐射和熔融金属飞溅物烫伤面部和颈部的作用,在狭窄、密闭、通风不良的场合,还应采用输气式头盔或送风头盔。

5. 焊接护目镜

气焊的防护眼镜片,主要起滤光、防止金属飞溅物烫伤眼睛的作用。应根据焊接、切割工件的厚度、火焰能率大小选择。

6.防尘口罩和防毒面具

在焊接、切割作业时,当采用整体或局部通风仍不能使烟尘浓度降低到容许浓度标准以下时,必须选用合适的防尘口罩和防毒面具,过滤或隔离烟尘和有毒气体。

7.耳塞、耳罩和防噪声头盔

国家标准规定工业企业噪声不应超过 85 dB,最高不能超过 90 dB。为了消除和降低噪声,应采取隔声、消声、减振等系列噪声控制技术。当仍不能将噪声降到允许标准以下时,则应采用耳塞、耳罩或防噪声头盔等个人防噪声用品。

(二)劳动保护用品的正确使用

(1)正确穿着工作服,穿着工作服时要把衣领和袖子扣好,上衣不应系在工作裤里边,工作服不应有破损、孔洞和缝隙,不允许粘有油脂或穿着潮湿的工作服。

(2)在仰焊、切割时,为了防止火星、熔渣从高处溅落到头部和肩上,焊工应在颈部围毛巾,穿着用防燃材料制成的护肩、长套袖、围裙和鞋盖。

(3)电焊手套和焊工防护鞋不应潮湿和破损。

(4)选择好焊接防护面罩上护目镜的遮光号以及气焊防护镜的眼镜片。采用输气式头盔或送风头盔时,应经常使口罩内保持适当的正压,若在寒冷季节应将空气适当加温后再供人使用。

(5)佩带各种耳塞时,要将耳塞帽部分轻轻推入外耳道内,使它和耳道贴合,不要使劲太猛或塞得太紧。

(6)使用耳罩时,应先检查外壳有无裂纹和漏气,使用时务必使耳罩软垫圈与耳朵周围皮肤贴合。

第二节　场地设备及工具、夹具的安全检查

一、场地设备的安全检查

1.焊接场地检查的必要性

由于焊接场地不符合安全要求造成火灾、爆炸、触电等事故时有发生,破坏性和危害性很大,要防患于未然,必须对焊接场地进行检查。

2.焊接场地的类型

焊接作业场地一般有两类:一类是正常结构产品的焊接场地,如车间等;另一类是现场检修、抢修工作场地。

3.焊接场地检查的内容

(1)检查焊接与切割作业点的设备、工具、材料是否排列整齐,不得乱堆乱放。

(2)检查焊接场地是否保持必要的通道,车辆通道宽度不小于 3 m,人行通道宽度不小于 1.5 m。

(3)检查所有气焊胶管、焊接电缆线是否互相缠线,如有缠线,必须分开;气瓶用后是否已移出工作场地,在工作场地各种气瓶不得随意横躺竖放。

(4)检查焊工作业面积是否充足。焊工作业面积不应小于 4 m²,地面应干燥,工作场地要有良好的自然采光或局部照明,以保证工作面照度达 50~100 lx。

(5)检查焊割场地周围 10 m 范围内,各类可燃、易爆物品是否清除干净。如不能清除干净,应采取可靠的安全措施,如用水喷湿或用防火盖板、湿麻袋、石棉布等覆盖。放在焊割场地附近的可燃材料需预先采取安全措施以隔绝火星。

(6)室内作业应检查通风是否良好,多点焊接作业或与其他工种混合作业时,各工位间应设防护屏。

(7)室外作业现场要检查的内容有:登高作业现场是否符合安全要求;在地沟、坑道、检查井、管段和半封闭地段等处作业时,应严格检查有无爆炸和中毒危险,应该用仪器(如测爆仪、有毒气体分析仪)进行检验分析,禁止用明火及其他不安全的方法进行检查。对附近敞开的孔洞和地沟,应用石棉板盖严,防止火花进入。对焊接切割场地检查要做到仔细观察环境、针对各类情况认真加强防护。

二、工具、夹具的安全检查

(一)工具、夹具的种类

为了保证焊条电弧焊顺利进行,保证获得较高质量的焊缝,焊接时焊工应备有必需的工具、夹具和辅助工具。

1.工具

(1)电焊钳

电焊钳的作用是夹持焊条和传导电流,由上、下钳口、弯臂、弹簧、直柄、胶布手柄及固定销等组成,应检查电焊钳的导电性能,隔热性能,夹持焊条要牢固,装换焊条要方便,电焊钳的规格有 300 A 和 500 A 两种。

(2)面罩和护目镜片

面罩是为防止焊接时的飞溅、弧光及其他辐射对焊工面部及颈部损伤的一种遮蔽工具,有手持式和头盔式两种。

面罩上装有用以遮蔽焊接有害光线的黑玻璃(即护目玻璃),黑玻璃可以有各种添加剂和色泽,目前以墨绿色的为最多,为改善保护效果,受光面可镀铬。

为防护黑玻璃不会被金属飞溅损坏,应在其外面再罩上两块无色透明的防护白玻璃。

(3)角向磨光机

角向磨光机即通常所说的手砂轮,是修磨坡口、清除缺陷等常用的工具。

2.夹具

为保证焊件尺寸,提高装配效率,防止焊接变形所采用的夹具叫做焊接夹具。焊条电弧焊常用的装配夹具有以下几种。

(1)夹紧工具

夹紧工具用来紧固装配零件,常用的有楔口夹板、螺旋弓形夹及带压板的楔口收紧夹等。

(2)压紧夹具

压紧夹具用于在装配时压紧焊件。使用时,夹具的一部分往往要点焊在被装配的焊件上,焊接后再除去。常用的压紧夹具有带铁棒的压紧夹板、带压板的紧固螺栓、带楔条的压紧夹板等。

(3)拉紧工具

拉紧工具将所装配零件的边缘拉到规定的尺寸,常用的有杠杆、螺钉、导链等。

(4)撑具

撑具是扩大或撑紧装配件用的一种工具,一般是利用螺钉来实现。

3.辅助工具

焊条电弧焊时常用的辅助工具还有手锤、大锤、钢丝刷、扁铲、錾子、保温筒等。

(二)工具、夹具的安全检查

为了保证焊工的安全,在焊接前应对所使用的工具、夹具进行检查。

(1)电焊钳

焊接前应检查电焊钳与电缆接头处是否牢固。两者接触不牢固,焊接时将影响电流的传导,甚至会打火花。另外,接触不良将使接头处产生较大的接触电阻,造成电焊钳发热、变烫,影响焊工的操作。还要检查钳口是否完好,有无损坏,以免影响焊条夹持效果。

(2)面罩和护目镜片

主要检查面罩和护目镜片是否遮挡严密,有无漏光的现象。

(3)角向磨光机

要检查砂轮转动是否正常,有没有漏电的现象;砂轮片是否已经紧固,是否有裂纹、破损,要杜绝使用过程中砂轮碎片飞出伤人。

(4)锤子

要检查锤头是否松动,避免在打击中锤头甩出伤人。

(5)扁铲、錾子

应检查其边缘有无飞刺、裂痕,若有应及时清除,防止使用中碎块飞出伤人。

(6)夹具

各类夹具,特别是带有螺钉的夹具,要检查其上的螺钉是否转动灵活,若已锈蚀则应除锈,并加以润滑,否则使用中会失去作用。

第三节　焊条电弧焊安全操作规程

一、安全操作规程

(1)做好个人防护。焊工操作时必须按劳动保护规定穿戴防护工作服、绝缘鞋和防护手套,并保持干燥和清洁。

(2)焊接工作前,应先检查设备和工具是否安全可靠。不允许未进行安全检查就开始操作。

(3)焊工在更换焊条时一定要戴电焊手套,不得赤手操作。在带电情况下,不要将焊钳夹在腋下而去搬动焊件或将电缆悬挂在脖颈上。

(4)在特殊情况下(如夏天身上大量出汗,衣服潮湿),切勿倚靠在带电的工作台、焊件上或接触焊钳等,以防事故发生。在潮湿地点焊接作业,地面上应铺上橡胶板或其他绝缘材料。

(5)焊工推拉闸刀时,要侧身向着电闸,防止电火花烧伤面部。

(6)下列操作应在切断电源开关后才能进行:改变焊机接头;更换焊件;改接二次线路;移动工作地点;检修焊机故障和更换熔断丝。

(7)焊机安装修理和检查应由电工进行,焊工不得擅自拆修。

(8)焊接前,应将作业现场 10 m 以内的易燃、易爆物品清除或妥善处理,以防止发生火灾或爆炸事故。

(9)工作完毕离开作业现场时须切断电源,清理好现场,防止留下事故隐患。

(10)使用行灯照明时,其电压不应超过 36 V。

二、设备的安全检查

1. 工夹具的安全检查

焊接工作前,应先检查焊机和工具是否安全可靠,这是防止触电事故及其他设备事故的非常重要的环节。

2. 焊条电弧焊施焊前对设备检查的内容

(1)检查电源的一次、二次绕组绝缘与接地情况。应检查绝缘的可靠性、接线的正确性、电网电压与电源的铭牌是否吻合。

(2)检查电源接地可靠性。

(3)检查噪声和振动情况。

(4)检查焊接电流调节装置的可靠性。

(5)检查是否有绝缘烧损。

(6)检查是否短路,焊钳是否放在被焊工件上。

第二章　焊接工艺

第一节　焊条电弧焊工艺

一、焊条电弧焊工艺特点

焊条电弧焊是手工操作焊条进行焊接的电弧焊方法。它是通过焊条与工件间产生的电弧热将金属熔化的焊接方法。在焊接过程中,焊条药皮熔化分解生成气体和熔渣,在气、渣的联合保护下,有效地排除了周围空气的有害影响。通过高温下熔化金属与熔渣间的冶金反应,还原和净化金属,得到优质的焊缝。焊条电弧焊工艺的优点和缺点如下:

1. 优点

(1)工艺灵活、适应性强,适用于碳钢、低合金钢、耐热钢、不锈钢等材料的平焊、立焊、横焊、仰焊等各种位置以及不同厚度、结构形状的焊接。它是熔化焊中最常用的一种焊接方法。

(2)焊接质量好。与气焊及埋弧焊相比,焊条电弧焊的金相组织细小,热影响区小,接头性能好。

(3)易于调整。易于通过工艺调整(如对称焊等)来控制变形和改善应力。

(4)简单方便。设备简单、操作方便。

2. 缺点

(1)要求焊工操作技术高。焊工的操作技术和经验直接影响产品质量的好坏。

(2)劳动条件差。焊工在工作时必须手脑并用,精神高度集中,而且还要受到高温烘烤及有毒、烟、尘、光辐射和金属蒸气的伤害。

(3)生产率低。受焊工体质的影响,焊接工艺参数选择范围较广,故生产率低。

二、焊条电弧焊工艺参数及其选择

焊接工艺参数是指焊接时,为保证焊接质量而选定的各个物理量。选择合适的焊接工艺参数,对提高焊接质量和生产率是十分重要的。

1. 焊接电源种类和极性

进行焊条电弧焊时,采用的电源有交流和直流两大类,根据焊条的性质进行选择。

(1)焊接电源种类的选择

通常酸性焊条可采用交流、直流两种电源,一般优先选用交流电源,碱性焊条由于电弧稳定性差,所以必须使用直流电源,但对药皮中含有较多稳弧剂的碱性焊条(如低氢钾型),也可使用交流电源,此时电源的空载电压应高些。

(2)焊接电源极性的选择

在采用直流电源时,焊件与电源输出端正、负极的接法,叫做极性。当焊件接电源正极,焊条接电源负极时的接法称为正接,也称正极性。当焊件接电源负极,焊条接电源正极时的接法称为反接,也称反极性。

①碱性焊条常采用反接,因为碱性焊条若采用正接时,电弧燃烧不稳定,飞溅严重,噪声大。而采用反接时,电弧燃烧稳定,飞溅很小,声音也较平静、均匀。

②酸性焊条如果使用直流电源时,通常采用正接。因为阳极部分的温度高于阴极部分,所以用正接可以得到较大的熔深。因此,焊接厚钢板时可采用正接,而焊接薄板、铸铁、有色金属时,应采用反接。

2. 焊条直径

焊条直径的大小取决于被焊材料的厚度、焊缝位置、接头形式和焊道层次等因素。

随焊件厚度增加,焊条直径增大,见表 2-1。但厚板对接接头的打底焊要选用较细的焊条,最好采用直径不超过 3.2 mm 的焊条焊接,否则将不易得到良好的熔透及背面成型。

表 2-1　焊条直径与焊件厚度的关系

焊件厚度/mm	≤4	4~12	>12
焊条直径/mm	2.5~3.2	3.2~4	≥4

另外,接头形式不同,焊缝空间位置不同,焊条直径也有所不同。例如,T 形接头应比对接接头使用的焊条粗些;立焊、横焊等空间位置比平焊时所选用的应细一些,立焊选用的焊条最大直径不超过 5 mm,横焊、仰焊选用的焊条直径不超过 4 mm。

3. 焊接电流

（1）影响焊接电流选择的因素

焊接电流是焊条电弧焊中最重要的工艺参数，也是焊工在操作过程中唯一需要调节的参数。选择焊接电流时，要考虑的因素很多，但主要由焊条直径、焊接位置和焊道层次来决定。

① 焊条直径。焊条直径越粗，焊接电流越大。每种直径的焊条都有一个最合适的电流范围，见表 2 - 2。

表 2 - 2 各种焊条直径使用电流参考值

焊条直径/mm	1.6	2.0	2.5	3.2	4.0	5.0	6.0
焊接电流/A	25 ~ 40	40 ~ 65	50 ~ 80	100 ~ 130	160 ~ 210	200 ~ 270	260 ~ 300

② 焊接位置。在平焊位置时，可选偏大些的焊接电流。横焊、仰焊时，所选用电流应比平焊小 5% ~ 10%，立焊时应比平焊小 10% ~ 15%。

③ 焊道层次。通常焊接打底焊道时，特别是焊接单面焊双面成型时，使用的电流要小一些，这样便于操作和保证背面焊道的质量。焊接填充焊道时，为提高效率，通常使用较大的焊接电流；而焊盖面焊道时为了防止咬边和获得美观的焊缝，使用的电流应稍小些。

④ 焊条类型。碱性焊条选用的焊接电流比酸性焊条小 10% 左右；不锈钢焊条比碳钢焊条选用电流小 20% 左右。

（2）判断合适电流的方法

除了用电流表测量焊接电流外，在实际工作中，还可以凭经验从以下几个方面来判断电流大小是否合适。

① 观察飞溅状态。电流过大时，电弧吹力大，会有较大颗粒的铁水向熔池外飞溅，且焊接时爆裂声大，焊件表面不干净；电流太小时，焊条熔化慢，电弧吹力小，熔渣和铁水很难分离。

② 检查焊缝成型状况。

电流过大时，焊缝熔敷金属低，熔深大，易产生咬边；电流过小时，焊缝熔敷金属窄而高，且两侧与母材结合不良；电流适中时，焊缝熔敷金属高度适中，焊缝熔敷金属两侧与母材结合得很好。

③ 观察焊条熔化状况。

电流过大时，在焊条连续熔掉大半根之后，可以发现剩余部分会产生发红现象；焊接电流过小时，电弧燃烧不稳定，焊条易粘在焊件上。

4. 焊接层次

在中、厚钢板焊接时,必须采用多层焊和多层多道焊。对同一厚度的材料,其他条件不变时,焊接层次增加,热输入量减少,有利于提高焊接接头的塑性和韧性。对低合金钢等钢材来说,多层焊的前一道焊缝对后一道焊缝起着预热的作用,而后一道焊缝对前一道焊缝起着热处理作用(退火或缓冷),这有利于提高焊缝的性能。每层焊道厚度最好在 4 mm ~ 5 mm。

5. 电弧电压

焊条电弧焊时,电弧电压是由焊工根据具体情况灵活掌握的。具体原则是保证焊缝具有要求的尺寸和外形以及保证焊透。

电弧电压主要取决于弧长。电弧长,电弧电压高;反之,则电弧电压低。在焊接过程中,一般希望弧长始终保持一致,而且尽可能用短弧焊接。所谓短弧是指弧长为焊条直径的 0.5 ~ 1 倍,超过这个限度则称为长弧。

6. 焊接速度

焊接速度是焊条沿焊接方向移动的速度,在保证焊缝所要求的尺寸和质量前提下,由焊工根据情况掌握。速度过慢,热影响区加宽,晶粒粗大,焊缝变形也大;速度过快,易造成未焊透、未熔合、焊缝成型不良等缺陷。

第二节 手工钨极氩弧焊工艺

一、手工钨极氩弧焊工艺特点

(一)工作原理

钨极氩弧焊是采用钨棒作为电极,利用氩气作为保护气体进行焊接的一种气体保护焊接方法,如图 2 - 1 所示。

通过钨极与工件之间产生电弧,利用从焊枪喷嘴中喷出的氩气流在电弧区形成严密封闭的气层,使电极和金属熔池与空气隔离,以防止空气的侵入。同时利用电弧产生的热量来熔化基本金属和填充焊丝形成熔池,液态金属熔池凝固后形成焊缝。

由于氩气是一种惰性气体,不与金属发生化学反应,所以能充分保护金属熔池不被氧化。同时氩气在高温时不溶于液态金属,所以焊缝中不易产生气孔。因此,氩气的保护作用是有效和可靠的,可以获得较高质量的焊缝。

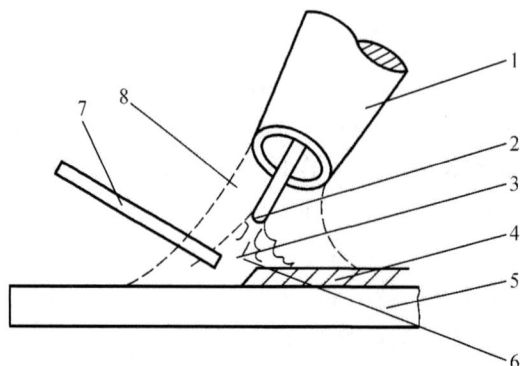

图 2 - 1 钨极氩弧焊示意图

1—喷嘴;2—钨极;3—电弧;4—焊缝;5—工件;6—熔池;7—焊丝;8—氩气

焊接时钨极不熔化,因此钨极氩弧焊又称为非熔化极氩弧焊。根据所采用的电源种类,钨极氩弧焊又分为直流、交流和直流脉冲三种。

(二)工艺特点

1.氩弧焊与其他电弧焊相比具有的优点

(1)保护效果好,焊缝质量高

氩气不与金属发生反应,也不溶于金属,焊接过程基本上是金属熔化与结晶的简单过程,因此能获得较为纯净及质量高的焊缝。

(2)焊接变形和应力小

由于电弧受氩气流的压缩和冷却作用,电弧热量集中,热影响区很窄,焊接变形与应力均小,尤其适于薄板焊接。

(3)易观察、易操作

由于是明弧焊,所以观察方便,操作容易,尤其适用于全位置焊接。

(4)电弧稳定,飞溅少

焊后不用清渣。

(5)易控制熔池尺寸

由于焊丝和电极是分开的,焊工很容易控制熔池尺寸和大小。

(6)可焊的材料范围广

几乎所有的金属材料都可以进行氩弧焊,特别适宜焊接化学性能活泼的金属和合金,如铝、镁、镍等。

— 12 —

2. 缺点

(1)设备成本较高。

(2)氩气电离电位高,引弧困难,需要采用高频引弧及稳弧装置。

(3)氩弧焊产生的紫外线是手弧焊的 5~30 倍,生成的臭氧对焊工也有危害,所以要加强防护。

(4)焊接时需有防风措施。

(三)应用范围

钨极氩弧焊是一种高质量的焊接方法,因此在工业企业中广泛地被采用。特别是一些化学性质活泼的金属,用其他电弧焊焊接非常困难,而用氩弧焊则可容易得到高质量的焊缝。另外,在碳钢和低合金钢的压力管道焊接中,也越来越多地采用氩弧焊打底,以提高焊接接头的质量。

(四)手工钨极氩弧焊工艺参数

手工钨极氩弧焊的工艺参数有:焊接电源种类和极性、钨极直径、焊接电流、电弧电压、氩气流量、焊接速度、喷嘴直径及喷嘴至焊件的距离和钨根伸出长度等。必须正确选择参数并使之合理配合,才能得到满意的焊接质量。

1. 焊接电源种类和极性

电源种类和极性可根据焊件材质进行选择,见表 2 – 3。

表 2 – 3 电源种类和极性的选择

电源种类和极性	被焊金属材料
直流正接	低碳钢、低合金钢、不锈钢、耐热钢、铜、钛及其合金
直流反接	适用于各种金属的熔化极氩弧焊,钨极氩弧焊很少采用
交流电源	铝、镁及其合金

采用直流正接时,工件接正极,温度较高,适于焊厚件及散热快的金属,钨棒接负极,温度低,可提高许用电流,同时钨极烧损少。

直流反接时,钨极接正极烧损大,所以很少采用。

采用交流钨极氩弧焊时,在焊件为负极、钨极为正极时,阴极有去除氧化膜的作用,即"阴极破碎"作用。在焊接铝、镁及其合金时,其表面有一层致密的高熔点氧化膜,若不除去,将会造成未熔合、夹渣、焊缝表面形成皱皮及内部气孔等缺陷。而利用反极性可将金属表面氧化膜撞碎,钨极可以得到冷却,以减少钨极的烧损。所以,通常用交流钨极氩弧焊来焊接氧化性强的铝镁及其合金。

2. 钨极直径

钨极直径主要根据焊件厚度、焊接电流的大小和电源极性来选择。如果钨极直径选择不当将造成电弧不稳、钨极烧损严重和焊缝夹钨等现象。

3. 焊接电流

焊接电流主要根据工件的厚度和空间位置选择,过大或过小的焊接电流都会使焊缝成型不良或产生焊接缺陷。所以,必须在不同钨极直径允许的焊接电流范围内,正确地选择焊接电流,见表2-4。

表 2 - 4　不同直径钨极的允许电流范围

钨极直径/mm	直流正接/A	直流反接/A	交流/A
1	15 ~ 80	—	20 ~ 60
1.6	70 ~ 150	10 ~ 20	60 ~ 120
2.4	140 ~ 235	15 ~ 30	100 ~ 180
3.2	225 ~ 325	25 ~ 40	160 ~ 250
4.0	300 ~ 400	40 ~ 55	200 ~ 320
5.0	400 ~ 500	55 ~ 80	290 ~ 390

4. 电弧电压

电弧电压由弧长决定,电压增大时,熔宽稍增大,熔深减小。通过焊接电流和电弧电压的配合,可以控制焊缝形状。电弧电压过高,易产生未焊透并使氩气保护效果变差。因此,应在电弧不短路的情况下,尽量减小电弧长度。钨极氩弧焊的电弧电压选用范围一般是 10 ~ 24 V。

5. 氩气流量

氩气流量由下列经验公式确定:

$$Q = (0.8 \sim 1.2)D$$

式中　Q——氩气流量,L/min;

　　　D——喷嘴直径,mm。

6. 焊接速度

焊接速度加快时,氩气流量要相应加大。由于空气阻力对保护气流的影响,焊接速度过快,会使保护层可能偏离钨极和熔池,从而使保护效果变差。同时,焊接速度还显著地影响焊缝成型。因此,应选择合适的焊接速度。

7. 喷嘴直径

增大喷嘴直径的同时,应增大气体流量,此时保护区增大,保护效果好。但喷嘴过大,不仅使氩气的消耗量增加,而且可能使焊炬伸不进去或妨碍焊工视线,不便于观察操作,故一般钨极氩弧焊喷嘴直径以 5 mm ~ 14 mm 为佳。

另外,喷嘴直径也可按经验公式选择:

$$D = (2.5 \sim 3.5)d$$

式中　D——喷嘴直径(一般指内径),mm;

　　　d——钨极直径,mm。

8. 喷嘴至焊件的距离

这里指的是喷嘴端面和焊件间的距离,这个距离越小,保护效果越好。所以,喷嘴距焊件间的距离应尽可能小些,但过小将使操作不便观察。因此,通常取喷嘴至焊件间的距离为 5 mm ~ 15 mm 为宜。

9. 钨极伸出长度

为了防止电弧热烧坏喷嘴,钨极端部要突出喷嘴之外。钨极端部至喷嘴端面的距离叫作钨极伸出长度。钨极伸出长度越小,喷嘴与焊件之间距离越近,保护效果越好,但过近会妨碍观察熔池。

通常焊接对接焊缝时,钨极伸出长度为 3 mm ~ 6 mm,焊角焊缝时,钨极伸出长度为 7 mm ~ 13 mm。铝及铝合金、不锈钢的手工钨极氩弧焊及其焊接工艺参数的选择见表 2 - 5 和表 2 - 6。

表 2 - 5　铝及铝合金(平对接焊)手工钨极氩弧焊工艺参数

工件厚度/mm	钨极直径/mm	焊接电流/A	焊丝直径/mm	喷嘴内径/mm	氩气流量/(L/min)	焊接速度/(mm/min)
1.2	1.6 ~ 2.4	45 ~ 75	1 ~ 2	6 ~ 11	3 ~ 5	—
2	1.6 ~ 2.4	80 ~ 110	2 ~ 3	6 ~ 11	3 ~ 5	180 ~ 230
3	2.4 ~ 3.2	100 ~ 140	2 ~ 3	7 ~ 12	6 ~ 8	110 ~ 160
4	3.2 ~ 4	140 ~ 230	3 ~ 4	7 ~ 12	6 ~ 8	100 ~ 150

表 2 - 5(续)

工件厚度 /mm	钨极直径 /mm	焊接电流 /A	焊丝直径 /mm	喷嘴内径 /mm	氩气流量 /(L/min)	焊接速度 /(mm/min)
6	4 ~ 6	210 ~ 230	4 ~ 5	10 ~ 12	8 ~ 12	80 ~ 130
8	5 ~ 6	240 ~ 300	5 ~ 6	12 ~ 14	12 ~ 16	80 ~ 130

表 2 - 6 不锈钢(平对接焊)手工直流(正接)氩弧焊工艺参数

接头形式	工件厚度 /mm	钨极直径 /mm	焊接电流 /A	焊丝直径 /mm	钨极伸出 长度/mm	氩气流量 /(L/min)
I 形坡口	0.8	1	18 ~ 20	1.2	5 ~ 8	6
	1	2	20 ~ 25	1.6	5 ~ 8	6
	1.5	2	25 ~ 30	1.6	5 ~ 8	7
	2	3	35 ~ 45	1.6 ~ 2	5 ~ 8	7 ~ 8
V 形坡口	2.5	3	60 ~ 80	1.6 ~ 2	5 ~ 8	8 ~ 9
	3	3	75 ~ 85	1.6 ~ 2	5 ~ 8	8 ~ 9
	4	3	75 ~ 90	2	5 ~ 8	9

第三节 二氧化碳气体保护焊工艺

一、二氧化碳气体保护焊工艺特点

(一)工作原理

二氧化碳气体保护焊是利用气态 CO_2 作为保护气体的一种熔化极气体保护焊的焊接方法,简称二保焊,如图 2 - 2 所示。

由于 CO_2 比空气重,因此从喷嘴中喷出的 CO_2 气可以在电弧区形成有效的保护层,防止空气进入熔池,避免空气中氮的有害影响。熔化电极(焊丝)通过送丝滚轮不断地送进,与工件之间产生电弧,在电弧热的作用下,熔化焊丝和工件形成熔池,随着焊枪的移动,熔池凝固形成焊缝。

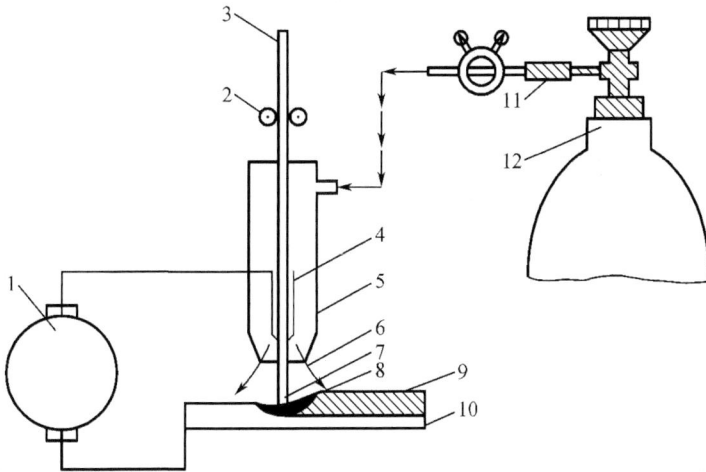

图 2 - 2　二氧化碳气体保护焊示意图
1—焊接电源;2—送丝滚轮;3—焊丝;4—导电嘴;5—喷嘴;6—CO_2气体;
7—电弧;8—熔池;9—焊缝;10—焊件;11—干燥器;12—CO_2气瓶

根据 CO_2 气体保护焊焊丝直径不同,CO_2 气体保护焊可分为细丝 CO_2 焊(焊丝直径 <1.2 mm)及粗丝 CO_2 焊(焊丝直径 >1.6 mm)。由于细丝 CO_2 焊的工艺比较成熟,因此应用最为广泛。另外,按操作方法又可分为 CO_2 半自动焊和 CO_2 自动焊两种。因为 CO_2 半自动焊机动灵活,适用于各种焊缝的焊接,所以这里主要介绍 CO_2 半自动焊。

(二)工艺特点

1. CO_2 焊主要优点

(1)生产率高

由于焊接电流密度较大,电弧热量利用率较高,焊丝又是连续送进,以及焊后不需清渣,因此提高了生产率。

(2)成本低

CO_2 气价格便宜、电能消耗少,所以焊接成本低,仅为埋弧自动焊的 40%,为焊条电弧焊的 37% ~42%。

(3)焊接变形和应力小

由于电弧加热集中,工件受热面积小,同时 CO_2 气流有较强的冷却作用,所以焊接变形和应力小,一般结构焊后即可使用,这特别适用于薄板焊接。

(4)焊缝质量高

由于焊缝含氮量少,抗裂性能好,焊接接头力学性能良好,故焊接质量高。

(5)焊接时,很方便观察到电弧和熔池的情况,故操作容易掌握,易于实现机械化和自动化焊接。

2.CO₂焊主要缺点

(1)飞溅较大,并且表面成型较差,这是主要缺点;

(2)弧光较强,特别是大电流焊接时,电弧的光和热辐射均较强;

(3)很难用交流电源进行焊接,焊接设备比较复杂;

(4)不能在有风的地方施焊;

(5)不能焊接容易氧化的有色金属。

(三)冶金特点

由于CO_2气本身的特点,CO_2焊的冶金过程比氩弧焊要复杂得多。

CO_2在常温下呈中性,但高温时可分解,使电弧气氛中具有强烈的氧化性,它会使合金元素氧化烧损,降低焊缝金属的力学性能,同时成为产生气孔及飞溅的主要原因。CO_2气体在电弧高温作用下分解,化学反应式如下:

$$CO_2 = CO + O$$

温度越高,CO_2的分解程度越高,一般条件下不会溶于金属,也不与金属发生反应。但原子状态的氧使铁及其他合金元素迅速氧化,反应方程式如下:

$$Fe + O = FeO$$

$$Mn + O = MnO$$

$$Si + 2O = SiO_2$$

$$C + O = CO \uparrow$$

以上氧化反应既发生在熔滴过渡过程中,又发生在熔池里。反应的结果,使铁氧化生成FeO,大量溶于熔池中,导致焊缝产生大量气孔。锰和硅氧化生成MnO和SiO_2成为熔渣浮出,使焊缝有用的合金元素减少,力学性能降低。此外,因碳氧化生成大量的CO气体,还会增加焊接过程的飞溅。因此,CO_2焊要获得高质量的焊缝,必须采取有效的脱氧措施。

在CO_2焊接过程中,脱氧方法是采用含有足够脱氧元素的焊丝。CO_2焊用于焊接低碳钢和低合金高强度钢时,主要采用硅锰联合脱氧的方法,即采用硅锰钢焊丝,如可以用H08Mn2SiA。硅锰脱氧后生成SiO_2和MnO组成复合熔渣,很容易浮出熔池,形成一层微薄的渣壳覆盖在焊缝的表面。

(四)应用范围

目前,CO_2焊主要用于低碳钢、低合金钢的焊接,不仅能焊薄板,也能焊中、厚板,同时可进行全位置的焊接。除了用于焊接结构制造外,还用于修理,如堆焊磨损的零件以及焊补铸铁等。因此,目前在汽车、机车车辆、机械、石油化工、冶金、造船、航空等行业中得到广泛的应用。

二、CO_2焊的熔滴过渡

(一)熔滴过渡类型

熔化极气体保护焊时,焊丝除了作为电弧电极外,其端部还不断受热熔化,形成熔滴并陆续脱离焊丝过渡到熔池中去。熔化极气体保护焊的熔滴过渡形式大致有三种,即短路过渡、粗滴过渡、喷射过渡,如图2-3所示。

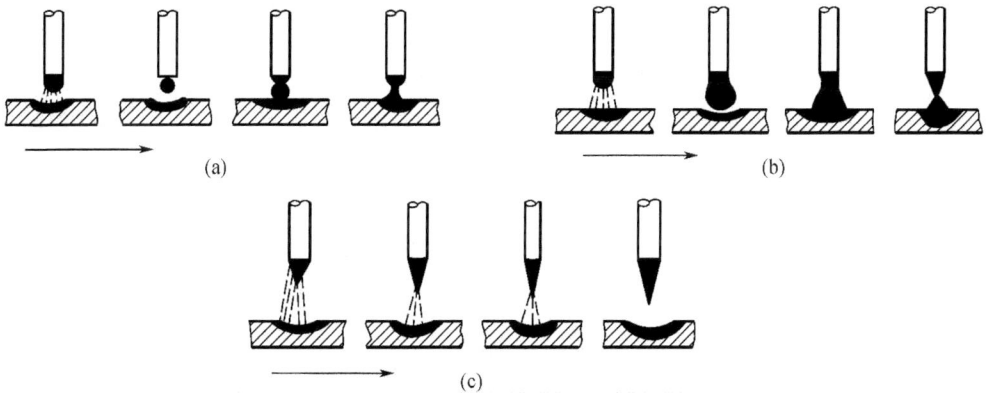

图2-3　熔滴过渡形式
(a)短路过渡;(b)粗滴过渡;(c)喷射过渡

1.短路过渡

短路过渡是在采用细焊丝、小电流、低电弧电压焊接时出现的。因为电弧很短,焊丝末端的熔滴未形成大滴时,即与熔池接触而短路,电弧熄灭。在短路电流产生的电磁收缩力及熔池表面张力的共同作用下,熔滴迅速脱离焊丝末端过渡到熔池中去,如图2-3(a)所示。此后,电弧又重新引燃。周期性的短路——燃弧交替的过程,称之为短路过渡。

要使短路过渡能够稳定地维持下去,主要取决于焊接电源的动特性和焊接工艺参数。

对焊接电源动特性的要求是:所供给的电流和电压必须满足短路过程的变化,即应有合适的短路电流增长速度、短路最大电流值,以及足够大的空载电压恢复速度。

短路电流增长速度不仅与焊接电源的动特性有关,还与焊接回路内电感大小有关。短路过渡焊接时,不同直径的焊丝需要的短路电流增长速度不同,通常要在焊接回路中串入一定的电感,调节短路电流增长速度,同时限制短路电流最大值。

此外,选择合适的焊接工艺参数也是保持短路过渡的必要条件。

2. 粗滴过渡(颗粒过渡)

粗滴过渡是采用中等以上工艺参数的电流和电压时发生的,电弧较长,熔滴呈颗粒状。粗滴过渡有两种形式,一是有短路的粗滴过渡,当焊接电流和电弧电压稍高于短路过渡焊接时,由于电弧长度增加,焊丝熔化较快,而电磁收缩力不够大,以致熔滴体积不断增大,并在熔滴自身的重力作用下,向熔池过渡,同时伴随着一定的短过渡。此时,过渡频率低,每秒只有几滴到二十几滴,如图 2 - 3(b)所示。二是无短路的粗滴过渡,当进一步增大焊接电流和电弧电压时,由于电磁收缩的加强,阻止熔滴自由胀大,并促使熔滴加快过渡,同时不再发生短路过渡现象。因熔滴体积减小,故过渡频率略有增加。这两种粗滴过渡的形式,常用于中、厚板的焊接。

3. 喷射过渡

在粗滴过渡的基础上,当增大的焊接电流达到一定数值时,即会变为喷射过渡。其特点是熔滴形成尺寸很小的微粒流,以很高的频率沿着电弧轴线射向熔池,电弧稳定,飞溅极小,如图 2 - 3(c)所示。

(二)CO_2 焊熔滴过渡

CO_2 焊时,主要有两种熔滴过渡形式,一种是短路过渡,另一种是粗滴过渡。而喷射过渡在 CO_2 焊中是很难出现的。

当 CO_2 焊采用细丝时,一般都是短路过渡,短路频率很高,每秒可达几十次到一百多次,每次短路完成一次熔滴过渡,所以焊接过程稳定,飞溅小,焊缝成型好。

而在粗丝 CO_2 焊中,则往往是以粗滴过渡的形式出现,因为飞溅较大,焊缝成型也较差。但由于电流比较大,所以电弧穿透力强,母材熔深大,这对中厚板的焊接是有利的。

三、CO_2焊的气孔和飞溅

(一)气孔问题

焊缝中产生气孔的根本原因是熔池金属中存有多余的气体,在熔池凝固过程中没有完全逸出而造成的。CO_2焊时,熔池表面没有熔渣覆盖,CO_2气流又有冷却作用,因而熔池凝固比较快,容易在焊缝中产生气孔。

CO_2焊可能产生的气孔主要有以下几种。

1. CO_2气孔

在熔池开始结晶或结晶过程中,熔池中的碳与 FeO 反应生成的气体来不及逸出,而形成气孔。但如果焊丝中含有足够的脱氧元素 Si 和 Mn,并限制焊丝中的含碳量就可以有效地防止 CO_2 气孔的产生。因此,只要焊丝选择恰当,产生 CO_2 气孔的可能性就很小。

2. 氢气孔

电弧区的氢主要来自焊丝、工件表面的油污和铁锈,以及气体中的水分。所以焊前要适当清除工件和焊丝表面的油污和铁锈。

实践表明,由于 CO_2 气体具有氧化性,可以抑制氢气孔的产生。除非在钢板上已锈蚀一层黄锈外,焊前一般可不必除锈。但焊丝表面的油污,必须用汽油等溶剂擦掉,这不仅是为了防止气孔,也可避免油污在送丝软管内堵塞,减少焊接中的烟雾。另外,焊前应对 CO_2 气体进行干燥处理,去除水分。

3. 氮气孔

氮气孔产生主要是因保护气层遭到破坏,大量空气侵入焊接区。

过小的 CO_2 气体流量,喷嘴被飞溅物堵塞,喷嘴与工件距离过大,以及焊接场地有侧向风等都可能使保护气层被破坏。因此,焊接过程中保证保护气层稳定、可靠是防止焊缝中氮气孔的关键。

(二)飞溅问题

飞溅是 CO_2 焊的主要缺点。一般粗滴过渡的飞溅程度比短路过渡焊接严重得多。大量飞溅不仅增加了焊丝的损耗,而且焊后工件表面需要清理,同时,堵塞喷嘴,使保护氛围受到影响。因此,为了提高焊接生产率和质量,必须把飞溅减少到最低程度。

1. 由冶金反应引起的飞溅

这种飞溅主要是由 CO_2 气体造成的。由于 CO_2 气体具有强烈的氧化性,在熔滴和熔池中,碳被氧化生成 CO 气体。在电弧高温作用下,体积急剧膨胀,突破熔滴或熔池表面的约束,形成爆破,从而形成飞溅。如果采用含有硅、锰等脱氧元素的焊丝,这种飞溅已不足虑。如果进一步降低焊丝的含碳量,并适当增加铝、硅等脱氧能力强的元素,飞溅还可进一步减少。

2. 由极点压力引起的飞溅

这种飞溅主要取决于电弧的极性。采用直流正接焊接时,正离子飞向焊丝末端的熔滴,机械冲击力大,进而造成大颗粒飞溅。当采用反接时,主要是电子撞击熔滴,极点压力大大减小,故飞溅比较小。所以,CO_2 焊多采用直流反接进行焊接。

3. 熔滴短路时引起的飞溅

这是在短路过渡和有短路的粗滴过渡时产生的飞溅。电源动特性不好时显得更严重。当短路电流增长速度过快,或短路最大电流值过大时,熔滴刚与熔池接触时,由于短路电流强烈加热及电磁收缩力的作用,缩颈处的液态金属发生爆破,产生较多细颗粒飞溅,如图 2-4(a)所示。

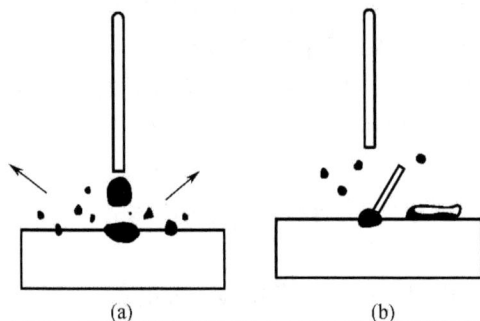

图 2-4 短路电流增长速度对飞溅的影响
(a)短路电流增长速度过快;(b)短路电流增长速度过慢

如果短路电流增长速度过慢,则短路时电流不能及时增大到要求的数值,缩颈处就不能迅速断裂,使伸出导电嘴的焊丝在长时间的电阻加热下,成段软化和断落,并伴随着较多的大颗粒飞溅,如图 2-4(b)所示。但是,通过改变焊接回路中的电感数值,能够减少这种短路飞溅。若串入回路的电感值较合适,则飞溅较小,噪声较小,焊接过程比较稳定。

4. 非轴向熔滴过渡造成的飞溅

这种飞溅是在粗滴过渡焊接时由于电弧的引力所引起的。熔滴在极点压力和弧柱中气流的压力共同作用下,被推向焊丝末端的一边,并抛到熔池外面,使熔滴形成大颗粒的飞溅,如图 2-5 所示,自左向右为粗滴过渡焊接时,飞溅的发展过程示意图。

5. 焊接工艺参数选择不当引起的飞溅

这种飞溅是在焊接过程中,由于焊接电流、电弧电压、电感值等工艺参数选择不当造成的。因此,必须正确地选择 CO_2 焊的焊接工艺参数,以便减小这种飞溅的产生。

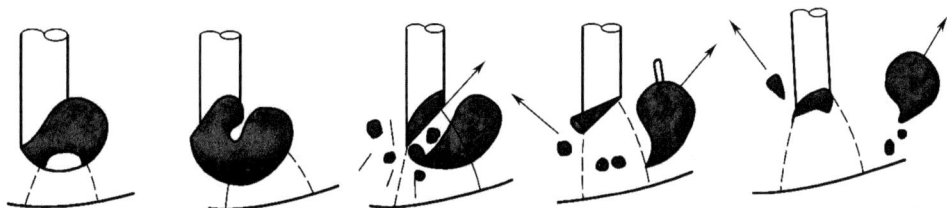

图 2-5 粗滴过渡焊接时飞溅的发展过程示意图

四、二氧化碳气体保护焊工艺参数

二氧化碳气体保护焊的焊接工艺参数包括焊丝直径、焊接电流、电弧电压、焊接速度、焊丝伸出长度、气体流量等。必须充分了解这些因素对焊接质量的影响,以便正确地进行选择。

1. 焊丝直径

焊丝直径根据焊件厚度、焊缝空间位置及生产率的要求等条件来选择。焊接薄板或中、厚板的立焊、横焊、仰焊时,多采用直径 1.6 mm 以下的焊丝;在平焊位置焊接中、厚板时,可以采用直径大于 1.6 mm 的焊丝。各种直径焊丝的适用范围如表 2-7 所示。

表 2-7 各种直径焊丝的适用范围

焊丝直径/mm	焊件厚度/mm	施焊位置	熔滴过渡形式
0.5~0.8	1~2.5 2.5~4	各种位置平焊	短路过度 粗滴过渡

表 2 - 7（续）

焊丝直径/mm	焊件厚度/mm	施焊位置	熔滴过渡形式
1.0 ~ 1.4	2 ~ 8 2 ~ 12	各种位置平焊	短路过度 粗滴过渡
≥1.6	3 ~ 12 >6	立、横、仰焊平焊	短路过度 粗滴过渡

2. 焊接电流

焊接电流对熔深、焊丝熔化速度及工作效率影响最大。当焊接电流逐渐增大时，熔深、熔宽和余高都相应地增加。

由于熔深的大小不同，熔敷金属对母材的稀释率也不同，因而熔敷金属的性质也随之不同。在大电流单层焊的情况下，母材稀释率大，熔敷金属容易受到母材成分的影响。在小电流多层焊的情况下，熔深小，母材稀释率小，对熔敷金属性质的影响也小。

焊接电流与工件的厚度、焊丝直径、施焊位置以及熔滴过渡形式有关。通常用直径为 0.8 mm ~ 1.6 mm 的焊丝，焊接电流在 50 ~ 230 A，粗滴过渡时，焊接电流可在 250 ~ 500 A 内选择。

焊丝直径与焊接电流的关系，如表 2 - 8 所示。

表 2 - 8　焊丝直径与焊接电流的关系

焊丝直径/mm	适用的电流范围/A
0.8	50 ~ 120
0.9	60 ~ 150
1.0	70 ~ 180
1.2	80 ~ 350
1.6	300 ~ 500

3. 电弧电压

CO_2 焊时，电弧电压与焊接电流一样，对焊接质量的影响较大。电弧电压一般根据焊丝直径、焊接电流等来选择。随着焊接电流的增加，电弧电压也应相应加大。一般来说，短路过渡时，电压为 16 ~ 24 V，粗滴过渡时，电压为 25 ~ 40 V。另外，电弧电压对焊道外观、熔深、电弧稳定性、飞溅程度、焊接缺陷及焊缝的力学性能都有很大的影响。

4. 焊接速度

焊接速度是影响焊接质量的一个重要因素,焊接速度和焊接电流、电弧电压一起是焊接热输入量的三大要素。焊接速度对熔深和焊道形状影响最大,对焊缝区的力学性能,以及是否产生裂纹、气孔等也有一定影响。

焊接高强度钢时,为了防止产生裂纹,确保焊缝区的塑性、韧性,要注意选择适当的热输入量。一般 CO_2 半自动焊时焊接速度在 15 ~ 40 m/h 范围内,自动焊时不超过 90 m/h。

5. 焊丝伸出长度

通常,焊丝伸出长度取决于焊丝直径,以焊丝直径的 10 倍为最佳。焊丝伸出长度过大时,焊丝会成段熔断,飞溅严重,气体保护效果差。焊丝伸出过小,不但易造成飞溅物堵塞喷嘴,影响保护效果,也影响焊工视线。

6. CO_2 气体流量

CO_2 气体流量的大小,应根据焊接电流、电弧电压、焊接速度等因素来选择。通常,细丝焊时气体流量约为 5 ~ 15 L/min;粗丝 CO_2 焊时约为 15 ~ 25 L/min。

7. 其他

(1)电源极性

CO_2 焊时必须使用直流电源,且多采用直流反接。

(2)回路电感

回路电感应根据焊丝直径、焊接电流和电弧电压等来选择。采用不同直径焊丝的合适电感值见表 2 - 9。

表 2 - 9 不同直径焊丝合适的电感值

焊丝直径/mm	0.8	1.2	1.6
电感值/mH	0.01 ~ 0.08	0.10 ~ 0.16	0.30 ~ 0.70

CO_2 焊中除上述参数外,焊枪角度、焊枪与母材的距离等也对焊接质量有影响。CO_2 焊薄板细丝半自动焊工艺参数见表 2 - 10。

表 2 - 10   CO$_2$气体保护半自动焊规范

材料厚度 /mm	接头 形式	装配间隙 C/mm	焊丝直径 /mm	电弧电压 /V	焊接电流 /A	气体流量 /(L/min)
≥1.2		≤0.3	0.60.7	18～19	30～50	6～7
1.5				19～20	60～80	6～7
2.0		≤0.5	0.8	20～21	80～100	7～8
2.5						
3.0		≤0.5	0.8～0.9	21～23	90～115	8～10
4.0						
≤1.2		≤0.3	0.6	19～20	35～55	6～7
1.5		≤0.3	0.7	20～21	65～85	8～10
2.0		≤0.5	0.7～0.8	21～22	80～100	10～11
2.5		≤0.5	0.8	22～23	90～110	10～11
3.0		≤0.5	0.8～0.9	21～23	95～115	11～13
4.0		≤0.5	0.8～0.9	21～23	100～120	13～15

第三章 焊接材料

第一节 焊 条

一、焊条的组成及分类

(一)焊条的组成及作用

焊条电弧焊中使用的涂有药皮的熔化电极称为焊条。它是由焊芯和药皮两部分组成的。

1. 焊芯

焊条中被药皮包覆的金属芯叫焊芯。焊芯的作用是在焊接时传导电流产生电弧并熔化,成为焊缝的填充金属,为保证焊缝的质量,对焊芯的质量要求很高。焊芯金属的各种元素的含量有一定限制,以保证在焊后焊缝各方面的性能不低于基本金属。焊芯的质量应符合国家标准(GB/T 14957—94)《熔化焊用钢丝》的要求。

平常所说的焊条直径实际是指焊芯的直径,焊芯的规格见表3 - 1。焊芯直径、焊芯材料的不同,决定了焊条允许通过的电流密度,焊条的长度也有一定的限制。

表 3 - 1 焊芯的规格

焊条直径/mm		焊条长度/mm	
基本尺寸	极限偏差	基本尺寸	极限偏差
1.6	±0.05	200 ~ 250	±2.0
2.0		250 ~ 350	
2.5			
3.2		350 ~ 450	
4.0			
5.0			

2. 药皮

压涂在焊芯表面上的涂料层叫药皮,药皮的主要作用有以下几方面。

(1)提高焊接电弧的稳定性

电弧焊的根本问题是稳定电弧,维持电弧的连续燃烧。由于焊条药皮中加入了电离电位低的物质(如钾、钠、钙等),因此能提高电弧的稳定性。

(2)保护熔化金属不受空气的影响

焊接时,药皮对熔化金属的保护作用有两种形式:一是气体保护;二是熔渣保护。

①气体保护

气体保护指药皮里的有机物及某些碳酸盐无机物在电弧高温作用下产生大量的中性或还原性气体笼罩着电弧区和熔池,在电弧区和熔池周围形成一个很好的保护层,防止空气侵入,以达到保护熔敷金属的目的。

②熔渣保护

熔渣保护是指焊接过程中,药皮中的某些物质被电弧高温熔化,形成一层熔点低、黏度适中、密度轻的熔渣,覆盖在焊道表面,可避免熔敷金属和空气的直接接触,防止焊道氧化,并使焊缝金属缓慢冷却,有益于焊缝金属中气体的逸出,减少了产生气孔的可能性。

(3)脱氧精炼

焊接过程中,虽然对焊缝金属采取了保护,但仍会混入一些氧、氮、硫、磷等有害杂质,需要进一步去除。药皮中的某些合金元素具有强烈的脱氧、脱氮、脱硫磷的能力,可使焊缝中有害元素降到最小的程度。

(4)添加合金提高焊缝性能

在焊接过程中,用药皮添加合金有两个目的:其一,为了补偿焊芯中合金元素的烧损,在药皮中加入适当的合金过渡到焊缝中去;其二,完全依靠药皮中的合金元素过渡到焊缝中,补充焊缝所需要成分,提高焊缝的性能。

(5)改善焊接工艺性能

药皮在焊接时形成喇叭状套管,使电弧热量集中,并可减少飞溅,有利于向熔池过渡,提高熔敷系数。适当调整药皮的黏度、熔点和密度,能用于各种空间位置的施焊,同时熔化后的熔渣还起美观焊缝的作用。合理地配制药皮还能改善熔渣的脱渣性和减小发尘量等。

(二)焊条的分类及型号

1.焊条的分类

(1)按照焊条的用途分类

根据有关国家标准,焊条可分为:碳钢焊条(GB/T 5117—1995)、低合金焊条(GB/T 5118—1995)、不锈钢焊条(GB/I 983—1995)、堆焊焊条(GB/I 984—85)、铸铁焊条(GB/T 10044—88)、铜及铜合金焊条(GB/I 3670—1995)、铝及铝合金焊条(GB/T 3669—83)、镍及镍合金焊条(GB/I 13814—1992)。

(2)按照焊条药皮熔化后的熔渣特性分类

焊条可分为酸性焊条和碱性焊条两大类。

①酸性焊条。酸性焊条其熔渣的成分主要是酸性氧化物。

酸性焊条的优点:工艺性好,容易引弧,并且电弧稳定,飞溅小,脱渣性好,焊缝成型美观,容易掌握施焊技术。因熔渣含有大量酸性氧化物,焊接时易放出氧,而对工件上的铁锈、油等污物不敏感,焊接时产生的有害气体少。酸性焊条可用交流、直流焊接电源,适用于各种位置的焊接,焊前焊条的烘干温度较低。

酸性焊条的缺点:焊缝金属的力学性能差,尤其是焊缝金属的塑性和韧性均低于碱性焊条形成的焊缝。酸性焊条的另一缺点是抗裂纹性能不好,主要是由于酸性焊条药皮氧化性强,使合金元素烧损较多,以及焊缝金属含硫量和扩散氢含量较高。因此,酸性焊条仅适用于一般低碳钢和强度等级较低的普通低合金钢焊接。

②碱性焊条。碱性焊条熔渣的成分主要是碱性氧化物和铁合金。

碱性焊条的优点:焊缝中含氧量较少,合金元素很少氧化,焊缝金属合金化效果好。碱性焊条药皮中碱性氧化物较多,故脱氧、脱硫磷的能力比酸性焊条强。此外,药皮中的萤石有较好的去氢能力,故焊缝中含氢量低。使用碱性焊条,焊缝金属的塑性、韧性和抗裂性都比酸性焊条高,所以这类焊条适用于合金钢和重要的碳钢结构焊接。

碱性焊条的缺点:工艺性差,对油、铁锈及水分等敏感性高。焊接时工艺不当容易产生气孔。因此,除了焊前要严格烘干焊条并且仔细清理焊件坡口外,在施焊时应始终保持短弧操作。碱性焊条电弧稳定性差,不加稳弧剂时只能采用直流电源焊接。在深坡口焊接中,脱渣性不好,焊接时产生的灰尘量较多,使用时应注意保持焊接场所通风和防尘保护,以免影响人体健康。

2.焊条型号的表示方法

碳钢焊条型号是以国家标准《碳钢焊条》(GB/T 5117—1995)为依据,规定焊条的表示方法。碳钢焊条型号是根据熔敷金属的力学性能、药皮类型、焊接位置和焊接电流种类划分的。具体表示方法如下:

(1)字母"E",表示焊条。

(2)前两位数字,表示熔敷金属抗拉强度的最小值,单位为 MPa。

(3)第三位数字,表示焊条的焊接位置。"0"及"1"表示焊条适用于全位置焊接,"2"表示焊条适用于"平焊及平角焊","4"表示焊条适用于向下立焊。

(4)第三位和第四位数字组合,表示焊接电流种类和药皮类型。

(5)第四位数字后附加"R",表示耐吸潮焊条;附加"M",表示耐吸潮和力学性能有特殊规定的焊条,附加"—1",表示冲击性能有特殊规定的焊条。

例如:E 4 3 1 5

    E——表示焊条;

    4 3——表示熔敷金属抗拉强度的最小值 430 MPa;

    1——表示焊条适用于全位置焊接;

    1 5——表示焊条药皮为低氢钠型,采用直流反接电源。

3.焊条牌号与型号的关系

(1)焊条牌号的表示方法

碳钢焊条的牌号是依据原国家机械工业委员会编制的《焊接材料产品样本》中规定来表示的。碳钢焊条牌号是根据熔敷金属的抗拉强度、药皮类型和电流种类来划分的,具体表示方法如下:

①字母"J"或汉字"结",表示结构钢焊条;

②前两位数字,表示熔敷金属的抗拉强度的最小值,单位为 MPa;

③第三位数字,表示焊接电流种类和药皮类型。

例如:J 4 2 2(结 422)

    J——表示结构钢焊条;

    42——表示熔敷金属抗拉强度的最小值 420 MPa;

    2——表示焊条药皮为钛钙型,采用交流或直流电源。

(2)型号与牌号的对照

常用碳钢焊条的型号与牌号的对照以及用途见表 3-2,以便选用。

表 3-2　常用碳钢焊条的型号与牌号的对照表

型号	牌号	药皮类型	电源种类	焊接位置
E4300	J420G	特殊型	交流、直流	平、立、仰、横
E4303	J422	钛钙型	交流、直流	平、立、仰、横

表 3-2(续)

型号	牌号	药皮类型	电源种类	焊接位置
E4314	J422Fe	铁粉钛钙型	交流、直流	平、立、仰、横
E4301	J423	钛铁矿型	交流、直流	平、立、仰、横
E5024	J501Fe15	铁粉钛型	交流、直流	平、立、仰、横
E5003	J502	钛钙型	交流、直流	平、立、仰、横
E5016	J506	低氢钠型	交流、直流反接	平、立、仰、横
E5015	J507	低氢钠型	直流反接	平、立、仰、横

二、碳钢焊条的选择和使用

(一)碳钢焊条的选用原则

对于碳钢和某些低合金钢,选用焊条时应遵守以下原则。

1. 等强度原则

碳钢和某些低合金钢焊条的选择,一般是按焊缝与母材等强度的原则选用,但是要注意以下几方面问题。

(1)一般钢材按照屈服点来确定等级(如 Q235),而碳钢焊条是按熔敷金属抗拉强度确定等级的,因此不能混淆,应按照母材的抗拉强度等级来选择抗拉强度等级相同的焊条。

(2)对于强度级别较低的钢材,基本上是按等强度原则。但对于焊接结构刚性大,受力情况复杂的工件,选用焊条时,应考虑焊缝塑性,可选用比母材低一级抗拉强度的焊条。

2. 酸性焊条和碱性焊条的选用原则

在焊条的抗拉强度等级确定后,再决定选用酸性焊条或碱性焊条,一般要考虑以下几方面的因素。

(1)当接头坡口表面难以清理干净时,应采用氧化性强、对铁锈、油污等不敏感的酸性焊条。

(2)在容器内部或通风条件差的条件下,应选用焊接时析出有害气体少的酸性焊条。

(3)当母材中碳、硫、磷等元素含量较高时,且焊件形状复杂、结构刚性大和厚

— 31 —

度大时,应选用抗裂性好的碱性低氢型焊条。

(4)当焊件承受振动载荷或冲击载荷时,除保证抗拉强度外,应选用塑性和韧性较好的碱性焊条。

(5)在酸性焊条和碱性焊条均能满足性能要求的前提下,应尽量选用工艺性能较好的酸性焊条。

3.焊条的焊接位置

焊接部位为空间任意位置时,必须选用能进行全位置焊接的焊条,焊接部位始终是向下立焊时,可以选用专门向下立焊的焊条或其他专门焊条。对于一些要求高生产率的焊件,可用高效的铁粉焊条。

(二)碳钢焊条的使用

为了保证焊缝的质量,碳钢焊条在使用前须对焊条的外观进行检查以及烘干处理。

1.焊条的外观检查

对焊条进行外观检查是为了避免由于使用了不合格的焊条,而造成焊缝质量的不合格。外观检查包括以下几方面内容。

(1)偏心

偏心是指焊条药皮沿焊芯直径方向偏心的程度,如图 3-1 所示。焊条若偏心,则表明焊条沿焊芯直径方向的药皮厚度有差异。这样,焊接时焊条药皮熔化速度不同,无法形成正常的套筒,因而在焊接时会产生电弧的偏吹,使电弧不稳定,造成母材熔化不均匀,影响焊缝质量。因此应尽量不使用偏心的焊条。

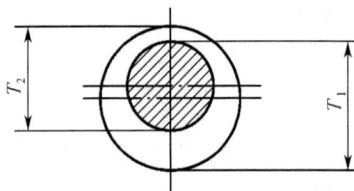

图 3-1 焊条药皮偏心示意图

关于偏心度的国家标准的规定如下:

①直径不大于 2.5 mm 的焊条,偏心度不应大于 7%;

②直径为 3.2 mm 和 4 mm 的焊条,偏心度不应大于 5%;

③直径不小于 5 mm 的焊条,偏心度不应大于 4%。

(2)锈蚀

锈蚀是指焊芯是否有锈蚀的现象。一般来说,若焊芯仅有轻微的锈迹基本不影响使用性能。但是如果焊接质量要求高时,就不宜使用。如果焊条锈迹严重也不宜使用,至少也应降级使用或只能用于一般结构件的焊接。

（3）药皮裂纹及脱落

药皮在焊接过程中起着很重要的作用，如果药皮出现裂纹甚至脱落，则直接影响焊缝质量。因此，不应使用药皮脱落的焊条。

2.焊条的烘干

（1）烘干目的

在焊条出厂时，所有的焊条都有一定的含水量，它根据焊条的型号不同而不同。焊条出厂时具有含水量是正常的，对焊缝质量没有影响。但是焊条在存放时会从空气中吸收水分，在相对湿度较高时，焊条涂料吸收水分很快。普通碱性焊条裸露在外面一天，受潮就很严重。受潮的焊条在使用中是很不利的，不仅焊接工艺性能变坏，而且也影响焊接质量，容易产生氢致裂纹、气孔等缺陷，造成电弧不稳定、飞溅增多、烟尘增大等不利影响。

因此，焊条（特别是低氢型碱性焊条）在使用前必须烘干。

（2）烘干温度

不同焊条要求不同的烘干温度和保温时间。在各种焊条的说明书中烘干温度和保温时间均作了规定，本书介绍一般情况下，碳钢焊条的烘干温度和保温时间。

①酸性焊条

酸性焊条药皮中，一般均有含结晶水的物质，烘干时应以除去药皮中的结晶水，而不使有机物分解变质为原则。因此，烘干温度不能太高，一般规定为 75 ℃ ~ 150 ℃，保温 1 ~ 2 h。

②碱性焊条

由于碱性焊条在空气中极易吸潮，在烘干时更需去掉药皮中矿物质中的结晶水。因此烘干温度要求较高，一般需 350 ℃ ~ 400 ℃，保温 1 ~ 2 h。

（3）烘干方法及要求

①焊条烘干应放在正规的远红外线烘干箱内进行烘干，不能在炉子上烘烤，也不能用气焊火焰直接烘烤。

②烘干焊条时，禁止将焊条直接放进高温炉内，或禁止从高温炉中突然取出冷却，以防止焊条因骤冷骤热而产生药皮开裂脱落，应缓慢加热、保温、缓慢冷却。经烘干的碱性焊条最好存放在另一个温度控制在 80 ~ 100 ℃ 的低温烘箱内存放，随用随取。

③烘干焊条时，焊条不应成垛或成捆地堆放，应铺成层状，4.0 mm 焊条不超过三层，3.2 mm 焊条不超过五层。否则，焊条叠起太厚造成温度不均匀成局部过热而使药皮脱落，而且也不利于潮气排除。

④焊接重要产品时，每个焊工应配备一个焊条保温筒，施焊时，将烘干的焊条放入保温筒内。筒内温度保持在 50 ℃ ~ 60 ℃，还可放入一些硅胶，以免焊条再次

受潮。

⑤焊条烘干一般可重复两次,对于酸性焊条的重复烘干次数不宜超过三次。

(三)碳钢焊条的保管

焊条管理的好坏对焊接质量有直接的影响。因此,焊条的储存、保管也是很重要的。

(1)各类焊条必须分类、分型号存放,避免混淆。

(2)焊条必须存放在通风良好、干燥的库房内。重要焊接工程使用的焊条,特别是低氢型焊条,最好存放于专用的库房内。库房要保持一定的湿度和温度,建议温度在 10 ℃ ~ 25 ℃,相对湿度在 60% 以下。

(3)储存焊条必须垫高,与地面和墙壁的距离均应大于 0.3 m,使得空气流通,以防受潮变质。

(4)为了防止破坏包装及药皮脱落,搬运和堆放焊条时不得乱摔、乱砸,应小心轻放。

(5)为防止焊条受潮,尽量做到现用现装,先入库的焊条先使用,以免因存放时间过长而受潮变质。

三、低合金钢焊条

(一)型号表示方法

根据国家标准(GB/F 5118—1995)规定,低合金钢焊条是按熔敷金属的力学性能、化学成分、药皮类型、焊接位置及电流种类来划分型号,具体表示如下:

(1)字母"E",表示焊条。

(2)前两位数字,表示熔敷金属抗拉强度的最小值,单位为 MPa。

(3)第三位数字,表示焊条的焊接位置,"0"及"1"表示焊条适用于全位置焊接,"2"表示焊条只适用于平焊及平角焊。

(4)第三位数字和第四位数字组合,表示焊接电流种类及药皮类型。

(5)数字后的后缀字母为熔敷金属的化学成分分类代号(见表 3 - 3),并以短线"—"与前面数字分开。若还有附加化学成分,附加化学成分直接用元素符号表示,并以短线"—"与前面后缀字母分开。

表 3 - 3　低合金钢焊条熔敷金属的化学成分分类

代号	化学成分分类
E××××—A1	碳钼钢焊条
E××××—B1~B5	铬钼钢焊条
E××××—C1~C3	镍钢焊条
E××××—NM	镍钼钢焊条
E××××—D1~D3	锰钼钢焊条
E××××—G、M、M1、W	其他低合金钢焊条

(6)在化学成分分类代号后附加"L",表示含碳量低。

(二)型号、牌号对照

低合金钢焊条的型号与牌号对应关系以及它们的主要用途可在焊工手册中查找。

(略)

(三)焊条的选用

选用低合金钢焊条时,要遵守的也是等强度原则。低合金钢品种很多,强度等级范围很广,从 490 MPa ~ 980 MPa,因此选用焊条时要选用与母材相同强度等级的焊条。

选用低合金钢焊条时,还应遵守化学成分原则。因为成分不同,性能上有很大差异。为了保证焊缝与母材有相同的耐温、耐蚀等性能,应选用成分相同的焊条。其他一些方面的选用原则与碳钢焊条相似,如焊接位置、工艺性能等方面选用原则对照相应的焊条。

四. 不锈钢焊条

(一)型号表示方法

根据国家标准(GB/1983—1995)规定,不锈钢焊条是按熔敷金属的化学成分、药皮类型、焊接位置及焊接电流种类划分型号,具体表示如下:

（1）字母"E"，表示焊条。

（2）字母"E"后面的数字，表示熔敷金属化学成分分类代号，如有特殊要求的化学成分，该化学成分用元素符号表示，放在数字后面。

（3）数字后的字母"L"表示碳含量较低，"H"表示碳含量较高，"R"表示硫、磷、硅含量较低。

（4）短线"—"后面的两位数字，表示焊条药皮类型、焊接位置及焊接电流种类，见表3-4。

表3-4　焊接电流与焊接位置

焊条型号	焊接电流	焊接位置
E×××(×)—15	直流反接	全位置
E×××(×)—25		平焊、横焊
E×××(×)—16	交流或直流反接	全位置
E×××(×)—17		
E×××(×)—26		平焊、横焊

（二）型号牌号对照

不锈钢焊条型号与牌号的对照关系和主要用途及性能可在焊工手册中查找。

（三）不锈钢焊条的选用

选用不锈钢焊条时，主要应遵守与母材等成分原则，否则性能上会有很大差异，不能满足不锈钢的使用性能。

第二节　焊　　剂

焊接时能够熔化形成熔渣和气体，对熔化金属起保护并进行复杂的冶金反应的颗粒状物质叫焊剂。它是埋弧焊不可缺少的一种焊接材料。

一、焊剂的分类

焊剂的分类方法很多，可以按生产工艺、化学成分以及在焊剂中添加的脱氧剂、合金剂种类进行分类。

1.按生产工艺分类,焊剂可分为熔炼焊剂、黏结焊剂和烧结焊剂。

(1)熔炼焊剂

熔炼焊剂是将一定比例的各种配料在炉内熔炼,然后经过水冷粒化、烘干、筛选而制成的一种焊剂,是目前国内生产中应用最多的一种焊剂。其主要优点是:化学成分均匀、防潮性好、颗粒强度高、便于重复使用。其缺点是:制造过程要经过高温熔炼,合金元素易被氧化,因此不能依靠焊剂向焊缝大量添加合金元素。

(2)烧结焊剂

烧结焊剂是通过向一定比例的各种配料中加入适量的黏结剂,混合搅拌后在高温(400~1 000 ℃)下烧结而成的一种焊剂。

(3)黏结焊剂

黏结焊剂是通过向各种配料中加入适量的黏结剂,混合搅拌后粒化并低温(400 ℃以下)烘干而制成的一种焊剂,也称为陶质焊剂。

烧结焊剂和黏结焊剂都属于非熔炼焊剂。由于没有熔炼过程,所以化学成分不均匀。但可以在焊剂中添加铁合金,目的是利用合金元素来更好地改善焊剂性能,增大焊缝金属的合金化。

2.按焊剂中添加的脱氧剂、合金剂分类,焊剂可分为中性焊剂、活性焊剂和合金焊剂。

(1)中性焊剂

中性焊剂是指在焊接后,熔敷金属化学成分与焊丝化学成分不产生明显变化的焊剂。中性焊剂用于多道焊接,尤其适用于厚度大于 25 mm 的母材的焊接。由于中性焊剂不含或含有少量脱氧剂,所以在焊接过程中需要依赖于焊丝提供脱氧剂。

(2)活性焊剂

活性焊剂是指在焊剂中加入少量锰、硅等脱氧剂的焊剂。它可以提高抗气孔能力和抗裂性能。使用活性焊剂焊接时,提高焊接电压能使更多的合金元素进入焊缝,进而提高焊缝的强度,但有时也会降低焊缝的冲击韧性。因此准确地控制焊接电压,对采用活性焊剂的埋弧焊尤为重要。

(3)合金焊剂

合金焊剂是指使用碳钢焊丝,其熔敷金属为合金钢的焊剂。焊剂中添加了较多的合金成分,用于过渡合金,多数合金焊剂为黏结焊剂和绕结焊剂。合金焊剂主要用于低合金钢和耐磨堆焊的焊接。

3. 按化学成分分类,焊剂分为高锰焊剂、中锰焊剂等。

二、焊剂的型号和牌号

(一)焊剂型号的编制

1. 碳钢埋弧焊用焊剂

依据《埋弧焊用碳钢焊丝和焊剂》(GB/T5293—1999)的规定,碳钢焊剂型号是根据焊丝–焊剂组合的熔敷金属力学性能、热处理状态进行划分,具体表示如下:

(1)字母"F",表示焊剂。

(2)字母后第一位数字,表示焊丝–焊剂组合的熔敷金属抗拉强度的最小值。数值见表3–5。

表3–5 熔敷金属抗拉强度的最小值

焊剂型号	抗拉强度/MPa	屈服点/MPa	伸长率/(%)
F4××–H×××	415~550	≥330	≥22
F5××–H×××	480~650	≥400	

(3)第二位字母,表示试件的热处理状态。"A"表示焊态,"P"表示焊后热处理状态。

(4)第三位数字,表示熔敷金属冲击吸收功不小于27 J时的最低试验温度,数值见表3–6。

表3–6 最低试验温度

焊剂型号	冲击吸收功/J	试验温度/℃
F××0–H×××	≥27	0
F××2–H×××		–20
F××3–H×××		–30
F××4–H×××		–40
F××5–H×××		–50
F××6–H×××		–60

（5）短线"—"后面表示焊丝牌号,牌号按（GB/T 14957）

例如：F4 A2—H08A；

  F——表示焊剂；

  4——表示熔敷金属抗拉强度最小为 415 MPa；

  A——表示试件为焊态；

  2——表示熔敷金属冲击吸收功率不小于 27 J 的最低试验温度是 –20 ℃；

  H08A——表示焊丝牌号。

2. 低合金钢埋弧焊用焊剂

依据《低合金钢埋弧焊用焊剂》（GB/T12470—90）的规定,低合金钢埋弧焊焊剂型号是根据埋弧焊焊缝金属的力学性能、焊剂渣系划分,具体表示如下：

（1）字母"F",表示焊剂。

（2）字母后的第一位数字为熔敷金属的拉伸性能代号,分别为 05,06,07,08,09 和 10 六类,每类均规定了抗拉强度、屈服点及伸长率三项指标。

（3）第二位数字为试样状态代号,用"0"表示焊态,"1"表示焊后热处理状态。

（4）第三位数字为熔敷金属冲击吸收功代号,共分九级。

（5）第四位数字为焊剂渣系代号,分为六级。

（6）短线"—"后表示焊丝牌号,牌号按照（GB 1300）规定。

例如：F5121—H08MnMoA,它表示这种焊剂采用 H08MnMoA 焊丝标准所规定的焊接工艺参数焊接试件,其试样经焊后热处理,熔敷金属的抗拉强度为 480 ~ 650 MPa,屈服强度不低于 380 MPa,伸长率不低于 22%。在 –20 ℃时 V 形缺口冲击吸收功大于或等于 27 J,焊剂渣系为氟碱型。

3. 不锈钢埋弧焊用焊剂

依据《埋弧焊用不锈钢焊丝和焊剂》（GB/T17854—1999）的规定,不锈钢埋弧焊用焊剂型号是根据焊丝 – 焊剂组合的熔敷金属化学成分、力学性能进行划分,具体表示如下：

（1）字母"F",表示焊剂；

（2）字母后的数字,表示熔敷金属种类代号；

（3）如有特殊要求的化学成分,该化学成分用元素符号表示,放在数字后面；

（4）熔敷金属力学性能应符合国标（GB/T17854—1999）规定；

（5）短线"—"后表示焊丝牌号,牌号按照 YB/T5092 规定。

例如：F 308 L—H00Cr21Ni10；

  F——表示焊剂；

  308——表示熔敷金属种类代号；

  L——表示熔敷金属含碳量低；

H00Cr21Ni10——表示焊丝牌号。

(二)焊剂牌号的编制

焊剂牌号是根据焊剂中主要成分 MnO, SiO_2, CaF_2 等的平均质量分数来划分的,具体表示如下:

(1)字母"HJ",表示熔炼焊剂;

(2)字母后第一位数字,表示焊剂中 MnO 的平均质量分数;

(3)第二位数字,表示焊剂中 SiO_2, CaF_2 的平均质量分数;

(4)第三位数字,表示同一类型焊剂的不同牌号,按 0~9 顺序排列;

(5)当同一牌号焊剂生产两种颗粒时,在细颗粒产品后加一"细"字表示。

例如:HJ 4 3 1;

HJ——表示熔炼焊剂;

4——表示高锰型;

3——表示高硅低氟型;

1——焊剂牌号编号为 1。

另外,烧结焊剂的牌号表示方法如下:

(1)牌号前"SJ",表示埋弧焊用烧结焊剂;

(2)字母后第一位数字,表示焊剂熔渣的渣系;

(3)字母后第二、第三位数字,表示同一渣系类型焊剂中的不同牌号,按 01,02,…,09 顺序排列。

三、焊剂的使用

(一)焊剂的选择

1. 按生产工艺分类,焊剂的特点及选择

(1)熔炼焊剂几乎不吸潮;不能灵活有效地向焊缝过渡所需合金;在小于 1 000 A 情况下焊接工艺性能良好。但脱渣性较差,不适宜深坡口、窄间隙等位置的焊接。

(2)烧结焊剂在大于 400 A 情况下焊接工艺性能良好,脱渣性优良,可灵活向焊缝过渡合金,满足不同的性能及成分要求,适于对脱渣性、力学性能等要求较高的情况。但烧结焊剂易吸潮,焊前必须烘焙,随烘随用。

2. 碱度值不同的焊剂的特点及选择

(1)一般使用碱度值较高的焊剂焊接后焊缝杂质少,有利于合金过渡(烧结焊剂),可满足较高力学性能的要求。但对坡口表面质量要求严格,且应采用直流反接性操作。

(2)碱度值较低的焊剂其焊缝杂质及有害元素不可避免地存在,使得焊缝性能进一步提高受到限制。但其对电源要求不高,对坡口表面质量要求可以适当放宽。应根据钢种、板厚、接头形式、焊接设备、施焊工艺及所要求的各项性能,来确定能满足要求的焊丝焊剂组合。

3. 选择焊剂实例

(1)低碳钢的焊接可选用高锰高硅焊剂配合 H08A 焊丝或选用低锰、无锰型焊剂配合 H08MnA, H08Mn2 焊丝。

(2)低合金高强度钢的焊接可选用中锰、中硅型焊剂或低锰、中硅型焊剂并配合使用适当的焊丝。

(3)耐热钢、低温钢、不锈钢的焊接可选用中硅型焊剂或低硅型焊剂,并配合使用一定成分的焊丝。

(4)某些高合金钢的焊接,可选用碱度较高的中硅、低硅型焊剂或烧结型焊剂、黏结型焊剂,从而降低合金元素的烧损或对焊缝进行渗合金。

(二)焊剂颗粒度

通常焊剂供应的粒度为 10 目 ~ 60 目(烧结焊剂)和 8 目 ~ 40 目(熔炼焊剂),亦可提供特种颗粒的焊剂。粒度的选择主要依据焊接工艺参数:一般大电流焊接情况下,应选用细粒度颗粒,以免引起焊道外观成型变差;小电流焊接时,应选用粗粒度焊剂,否则气体逸出困难,易产生麻点、凹坑,甚至气孔等缺陷;高速焊时,为保证气体充分逸出,也应选用相对较粗粒度的焊剂。

(三)焊剂的烘干

焊剂应妥善保管,并存放在干燥、通风的库房内,尽量降低库房湿度,防止焊剂受潮。使用前,应对焊剂进行烘干。

(1)熔炼焊剂要求 200 ℃ ~ 250 ℃下烘熔干 1 ~ 2 h。

(2)烧结焊剂要求 300 ℃ ~ 400 ℃下烘熔干 1 ~ 2 h。

(四)焊剂的回收利用

焊剂可以回收并重新利用。但回收的焊剂,因灰尘、铁锈等杂质被带入焊剂,以及焊剂粉化而使粒度细化,故应对回收焊剂过筛,随时添加新焊剂并充分拌匀后再使用。

第三节　保护气体、焊丝、钨极

一、保护气体

(一)氩气

1.氩气的性质

氩气(Ar)是一种无色、无味的单原子气体,相对原子质量为39.95。氩气的质量约为空气的1.4倍,因为氩气比空气重,使用时不易飘浮散失,因此能在熔池上方形成一层较好的覆盖层,有利于保护熔池。用氩气作为保护气体进行焊接时,产生的烟雾较少,便于控制熔池和电弧。

氩气是一种惰性气体,它既不与金属起化学反应,又不溶解于金属中。因此,可以避免焊缝金属中合金元素的烧损及由此带来的其他焊接缺陷,使得焊接冶金反应变得简单和容易控制。

氩气的另一个应用特点是热导率小且是单原子气体,高温时不分解、不吸热,所以在氩气中燃烧的电弧热量损失较少。在氩气中,电弧一旦引燃,燃烧就很稳定。在各种保护气体中,氩弧的稳定性最好,即使在低电压时也十分稳定。氩气对电弧的热收缩效应较小,加上氩弧的电位梯度和电流密度不大,即使电弧长度稍有变化,也不会显著地改变电弧电压。因此电弧稳定,适合于手工焊接。

2.对氩气纯度的要求

氩气是制氧时的副产品,是通过分馏液化空气制取的。因为氩气沸点介于氧、氮之间,因此制取时会残留一定量的其他杂质。若杂质含量多,在焊接过程中不但影响对熔化金属的保护,而且易使焊缝产生气孔、夹渣等缺陷,并使钨极的烧损增加。按我国现行规定,氩气纯度应达到99.99%,才完全合乎焊接铝、镁等活泼金属的要求。

3.氩气的储运

氩气可在低于-184 ℃的温度下以液态形式储存和运送,但焊接时氩气大多装入钢瓶中,供焊工使用。

氩气瓶是一种钢质圆柱形高压容器,其外表涂成银灰色并注有深绿色"氩"字标志。目前氩气瓶的容积为33 L,40 L,44 L,瓶中最高工作压力为15 MPa。

氩气瓶在使用中应直立放置,严禁敲击、碰撞等,不得用电磁起重搬运机搬运,防止日光暴晒。装运时应戴好瓶帽,以免损坏接口螺纹。

（二）二氧化碳

1. 二氧化碳的性质

二氧化碳（CO_2）是一种无色、无味的多原子气体，来源广、成本低。CO_2在标准状况下，相对密度为空气的 1.5 倍。由于它比空气重，因此能在熔池上方形成一层较好的保护层，防止空气进入熔池。CO_2在电弧的高退作用下，将发生吸热分解反应。因此，CO_2气体对电弧柱的冷却作用较强，产生的热收缩效应也较强，弧柱区窄，热量集中，焊接热影响区窄，焊接变形小，特别适用于焊接薄板。

CO_2气体是一种氧化性气体，在电弧高温作用下，CO_2将分解成 CO 和原子态氧。在电弧区中，约有 40% ~ 60% 左右的 CO_2气体分解，分解出的原子态氧具有强烈的氧化性，使金属氧化。因此，使用 CO_2气体要解决好对熔池金属的氧化问题。一般采用含有脱氧剂的焊丝来进行焊接。

2. 对二氧化碳纯度的要求

焊接用的 CO_2气体必须有较高的纯度，一般要求不低于 99.5 ℃。露点低于 −40 ℃液态 CO_2中除可溶解占总质量 0.05% 的水分外，还有部分自由状态的水分沉于瓶底。为了减少气体中的水分对焊接的影响，可将新灌气瓶倒立 1 ~ 2 h，再打开瓶阀，由于液态 CO_2比水轻，这样可将水排出，然后关闭瓶阀，将瓶放正。使用前再放气 2 ~ 3 min。CO_2气体中水分的含量与气压有关，气体压力越低，气体中水分的含量越高。在使用压力低的 CO_2气体焊接时，焊缝中就容易出现气孔。所以，要求瓶内压力不低于 0.98 MPa。

3. 二氧化碳的储运

焊接用 CO_2气体是采用瓶装的液态 CO_2汽化而来的。使用液态 CO_2很经济、方便。容量为 40 L 的标准钢瓶可灌入 25 kg 的液态 CO_2，占总容积的 80%。标准状况下，1 kg 液态 CO_2可汽化成 509 L 的气态 CO_2，满瓶压力约为 4.9 ~ 6.86 MPa，瓶内压力随外界温度升高而增大。因此，CO_2气瓶严禁靠近热源，并防止烈日暴晒，以免压力增大而发生爆炸。

CO_2气瓶也是钢质圆柱形的高压容器，其外表涂成铝白色，并标有黑色"液态二氧化碳"字样。CO_2气瓶使用时应直立放置，严禁敲击、碰撞等。气瓶出厂时应戴好瓶帽。

二、焊丝

随着焊接自动化的不断提高，焊丝的品种逐渐增多，使用量也不断增大，焊丝可分为实芯焊丝和药芯焊丝。本章主要介绍实芯焊丝。

焊丝的牌号以国家标准《熔化焊用钢丝》(GB/T 14957—94),《气体保护焊用钢丝》(GB/T 14958—94)和《焊接用不锈钢丝》(YB/I 5092—1996)为依据进行划分的。其牌号的编制方法如下:

(1)以字母"H"表示焊丝;

(2)在"H"后面的两位(碳钢、低合金钢含量为万分率)或一位(不锈钢含量为千分率)数字表示含碳量的平均数;

(3)后面的化学符号及其后面的数字,表示该元素大致含量的百分含量数值,当其合金含量小于1%时,该元素符号后面的数字可省略;

(4)焊丝牌号尾部标有 A、E 或 C 时,表示该焊丝为优质或高级优质品,表明 S、P 等有害杂质的含量更低。

例如:H 08 Mn2 Si A

H——表示焊丝;

08——表示含 C 量为 0.08%;

Mn2——表示含 Mn 量为 2%;

Si——表示含 Si≤1%;

A——表示优质品,S、P 含量≤0.03%。

三、钨极

钨极是钨极氩弧焊的电极材料,对电弧的稳定性和焊接质量有很大的影响。通常要求钨极具有电流容量大、施焊损耗小、引弧和稳弧性好等特性。这主要取决于钨极的电子发射能力大小。

1. 钨极的种类

钨极的种类有纯钨极、钍钨极、铈钨极、锆钨极和镧钨极五种,目前常用的是前三种。

(1)纯钨极

纯钨极含钨 99.85% 以上,熔点很高(约为 3 390 ℃ ~ 3 470 ℃,),沸点也很高(约为 5 900 ℃),不易熔化和蒸发。它基本上可以满足焊接的要求,但在使用交流电时,纯钨极电流承载能力较低,抗污染能力差,要求焊接电源有较高的空载电压,故目前已很少采用。

(2)钍钨极

在纯钨极的基础上加入 1% ~ 2% 的氧化钍(Th)的钨极即是钍钨极。由于钨棒内含有钍元素,使钨极的电子发射能力增强,具有电流承载能力较好,寿命较长且抗污染性能较好,并且容易引弧,所需的引弧电压小,电弧稳定性好等优点;其缺点是成本较高,具有微量的放射性。

（3）铈钨极

在纯钨中加入2%的氧化铈（Ce）称为铈钨极。与钍钨极相比,在直流小电流焊接时,易建立电弧,引弧电压比钍钨极低50%,具有电弧燃烧稳定,弧束较长,热量集中,烧损率比钍钨极低5%～50%,最大许用电流密度比钍钨极高5%～8%,使用寿命长等优点。更重要的特点是其几乎没有放射性,是一种理想的电极材料,也是我国目前建议尽量采用的钨极。

2.钨极的牌号及规格

（1）牌号

目前,我国对钨极的牌号没有统一的规定,但根据其化学元素符号及化学成分的平均含量来定牌号是比较流行的一种方法。

例如:W Ce—20

　　　W——表示钨极;

　　　Ce——表示铈;

　　　20——表示氧化铈含量为2%。

（2）规格

制造厂家按长度范围供给 76 mm～610 mm 的钨极。常用钨极直径为:0.5 mm,1.0 mm,1.6 mm,2.0 mm,2.5 mm,3.2 mm,4.0 mm 等。

为了使用方便,钨极的一端常涂有颜色,以便识别。例如,钍钨极为红色,铈钨极为灰色,纯钨极为绿色。

3.钨极端部形状

钨极端部的形状对电弧稳定性和焊缝成型有一定的影响,如表3-7所示,为几种不同形状的端部效果,从结果来看,采用锥形平端的效果最好,是目前经常采用的端部形状。

表3-7 几种不同形状的端部效果

电极端部形状	锥形平端	平状	圆球状	锥形尖端
电弧稳定性	稳定	不稳定	不稳定	稳定
焊缝成型	良好	一般	焊缝弯曲	焊缝不均匀、波纹粗

第四章 焊条电弧焊基本操作

第一节 焊接电弧的引燃、运条和收弧

一、焊接电弧的引燃

焊条电弧焊时焊接电弧的引燃称为引弧。常用的引弧方法有直击法引弧,如图4-1所示、划擦法引弧,如图4-2所示。

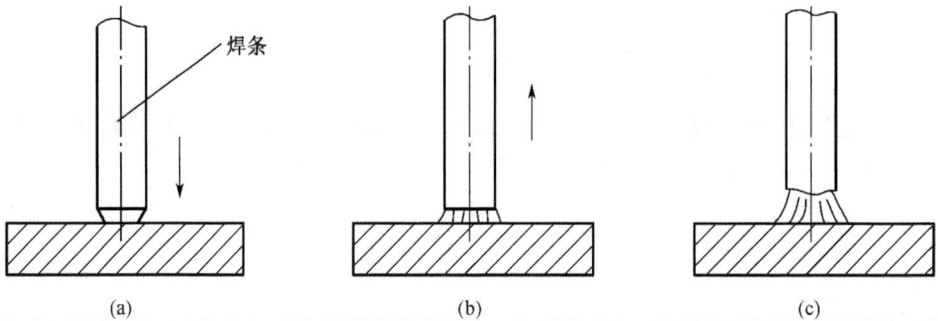

图4-1 直击法引弧

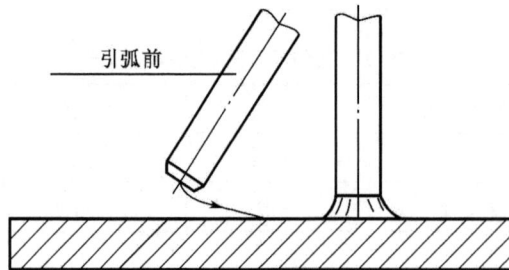

图4-2 划擦法引弧

二、运条常用的运条方法

（1）直线形运条法

使用直线形运条法焊接时,焊条不作横向摆动,沿焊接方向作直线形移动。

（2）直线往复运条法

使用直线往复运条法焊接时,焊条末端沿焊缝的纵向作往复直线形运动,如图 4-3（a）所示。

（3）锯齿形运条法

使用锯齿形运条法焊接时,焊条末端作锯齿形连续摆动及向前移动,并在两边稍停片刻,如图 4-3（b）所示。摆动的目的是为了控制熔化金属的流动和得到必要的焊缝宽度,以获得较好的焊缝成型。

（4）月牙形运条法

使用月牙形运条法焊接时,焊条末端沿焊接方向作月牙形的左右摆动,如图 4-3（c）所示。

（5）三角形运条法

使用三角形运条法焊接时,焊条末端作连续的三角形运动,并不断向前移动。按摆动方式的不同,这种运条方法又可分为斜三角形和正三角形两种,如图 4-3（d）、图 4-3（e）所示。

（6）圆圈形运条法

使用圆圈形运条法焊接时,焊条末端作圆圈形运动并不断前移,如图 4-3（f）所示。

三、收弧

收弧时不仅要熄灭电弧,还要将弧坑填满,收弧一般有以下三种方法。

1. 划圈收尾法

焊条焊至焊缝终点时,作圆圈运动,直到填满弧坑再拉断电弧,如图 4-4 所示,此法适用于厚板收弧,用于薄板则有烧穿的危险。

2. 反复断弧收弧法

焊条焊至焊缝终点时,在弧坑上作数次反复熄弧引弧,直到填满弧坑为止,如图 4-5 所示,此法适用于薄板和大电流焊接,碱性焊条不宜使用此法,易产生气孔。

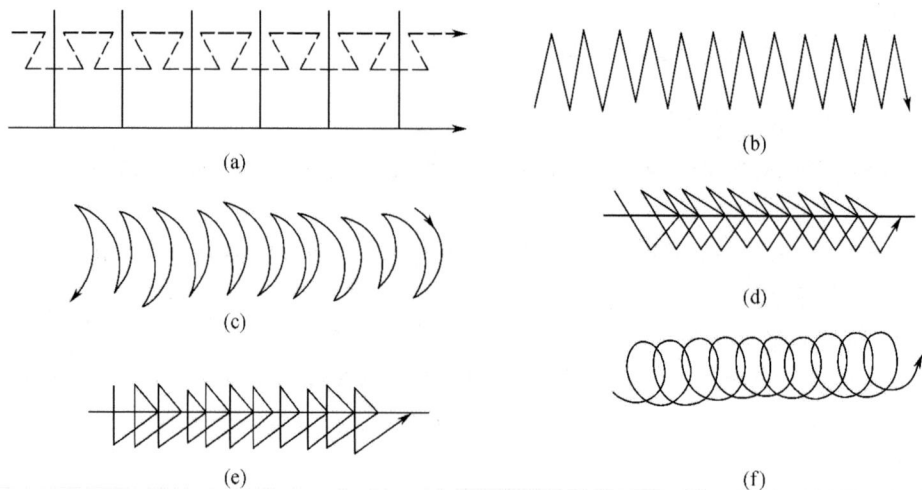

图 4-3 运条方法

(a)直线往复运条法;(b)锯齿形运条法;(c)月牙形运条法;
(d)三角形运条法;(e)三角形运条法;(f)圆圈形运条法

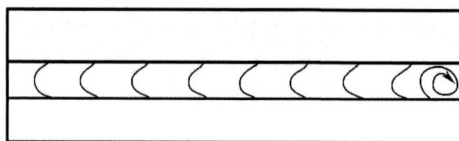

图 4-4 划圈收尾法

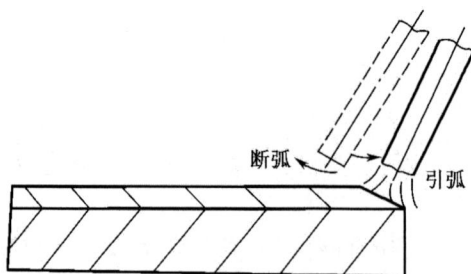

图 4-5 反复断弧收弧法

3.回焊收弧法

焊条移至焊道收尾处即停止,但不熄弧,此时适当改变焊条角度,如图4-6所示。焊条由位置1转到位置2,待填满弧坑后再转到位置3,然后慢慢拉断电弧。此法适用于碱性焊条。

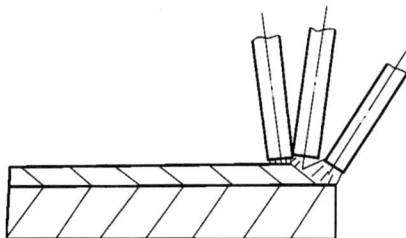

图4-6 回焊收弧法

四、工件组对和定位焊

(一)工件组对

在正式施焊前将焊件按照图样所规定的形状、尺寸装配在一起,称为工件组对。在工件组对前,应按要求对坡口及其两侧一定范围内的母材进行清理。工件组对应尽量减少错边,保证装配间隙符合工艺要求,必要时可采用适当的焊接夹具。

(二)定位焊

1.定位焊的作用和要求

定位焊是在焊接前为了装配和固定焊接接头的位置而进行的焊接,定位焊有以下几方面要求:

(1)定位焊所使用的焊条及对焊工操作技术熟练程度的要求,应与正式焊缝焊接完全一样;

(2)定位焊时容易产生未焊透缺陷,故焊接电流应比正式焊接时高10%~15%;

(3)当发现定位焊缝有缺陷时,应将其除去并重新焊接;

(4)如果焊件需预热,应加热到规定预热温度后进行定位焊;

(5)不能在焊缝交叉处和方向急剧变化处进行定位焊,应离开上述位置50 mm左右距离方可进行;

（6）为防止开裂,应尽量避免强行组装后进行定位焊,必要时采用碱性低氢型焊条。

2. 板的定位焊

定位焊的焊缝位置应在试件坡口内两端处,始焊端可少焊些,终焊端应多焊些,防止在焊接过程中收缩造成未焊段坡口间隙变窄而影响焊接。

3. 管道的定位焊

小径管道可定位焊一处或两处,定位焊缝一般位于平焊或立焊部位或两个上爬坡处,大径管道基本相同,只是对称多焊几点。定位焊缝一般不允许位于管径截面相当于"时钟6点"的位置。当焊接淬硬性大的低合金钢和铬钼钢且直径大于168 mm的管道时,可用和试件材质相同的定位板在坡口外进行定位焊。定位板应均匀分布于试件外壁,焊后拆除定位板以后,应将定位焊处磨平,并用着色探伤法检查表面有无裂纹。

第二节 平 敷 焊

平敷焊是在焊缝倾角0°,焊缝转角90°的焊接位置上堆敷焊道的一种操作方法。它是焊条电弧焊其他位置焊接操作的基础,如图4-7所示。本节的主要任务就是通过平敷焊训练掌握焊条电弧焊的基本操作要领。

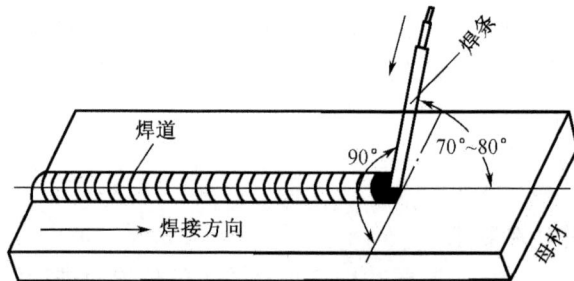

图4-7 平敷焊操作示意图

一、焊前准备

（1）试件材料:Q235;

（2）试件尺寸:30 mm×20 mm×6 mm;

（3）焊接材料焊条牌号E4303（结422）,焊条直径为3.2 mm和4.0 mm,焊条

烘焙 75°～150°恒温 1～2 h,随取随用;

(4)焊接设备 BX1－330 型弧焊变压器。

二、焊接工艺参数

平敷焊接工艺参数见表 4－1。

表 4－1　平敷焊焊接工艺参数

焊接层次	焊条直径/mm	焊条电流/A	焊条电压/V
平敷焊	3.2	100～120	22～24
平敷焊	4.0	140～180	22～24

三、基本操作要点

(一)平敷焊预备知识

1.姿势

平焊时一般采用蹲式操作,如图 4－8 所示。下蹲要自然,两脚夹角为 70°～85°,两脚距离为 240～260 mm。持焊件的胳膊半伸开,要悬空无依托进行操作。

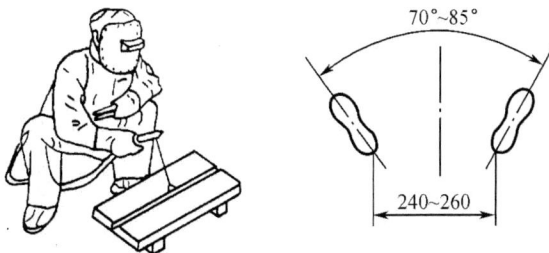

图 4－8　操作姿势

2.引弧

将焊条末端对准引弧处,采用接触法引弧,引弧法有划擦法和直击法两种。

3.运条

运条分为三个基本运动,如图 4－9 所示。沿焊条中心线向熔池送进、沿焊接方向均匀移动、横向摆动。上述三个动作不能机械分开,而应相互协调,才能焊出满意的焊缝。

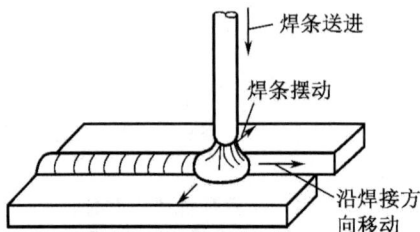

图 4 – 9　运条示意图

4. 焊缝的起头、收尾、接头

（1）焊缝的起头

引弧后应稍拉长电弧对工件预热，然后压低电弧进行正常焊接。平敷焊多采用回焊法，从距离始焊点 10 mm 左右处引弧，回焊到始焊点，如图 4 – 10 所示，逐渐压低电弧同时焊条作微微摆动，从而达到需要的焊道宽度，然后进行正常焊接。

（2）焊缝的收尾

焊缝收尾时不能立即拉断电弧，否则会形成弧坑，如图 4 – 11 所示，为保证连续的焊缝外形，应逐渐填满弧坑后再息弧。收尾法主要有反复断弧收尾法、画圈收尾法和回焊收尾法三种，如图 4 – 12 所示。

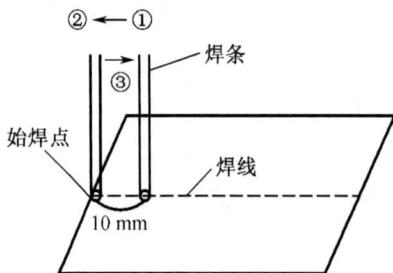

图 4 – 10　焊缝的起头

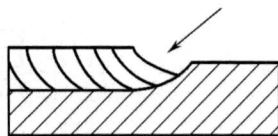

图 4 – 11　焊缝的收尾

焊缝的接头形式分为以下四种：中间接头、相背接头、相向接头、分段退焊接头。

（二）焊接过程

（1）清除试件表面的油污、锈蚀、水分及其他污物，直至露出金属光泽。

（2）在试件以内 20 mm 距离处，用石笔或粉笔画出焊缝位置线。

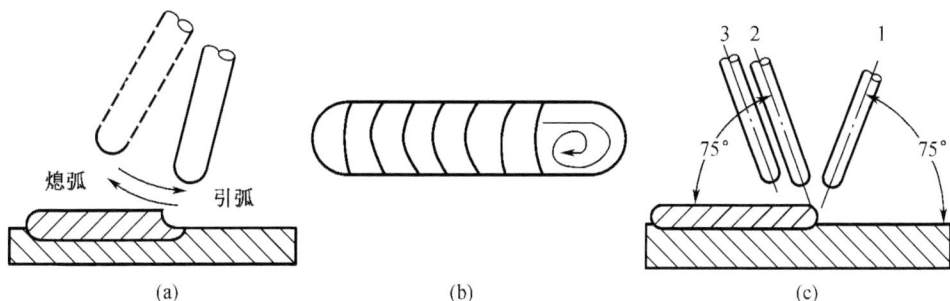

图4-12　收尾法示意图

(a)反复断弧收尾法;(b)画圈收尾法;(c)回焊收尾法

(3)引弧训练主要有:引弧堆焊、定点引弧。

(4)用直径3.2 mm和4.0 mm焊条,选定焊接工艺参数,以所画直线为运条轨迹,采用直线型运条法、月牙形运条法、正圆圈形运条法和8字形运条法练习,焊条角度如图4-7所示。

(5)进行焊缝的起头、接头、收尾的操作练习。

(6)每条焊缝焊完后,清理熔渣,分析焊接缺陷的种类及其产生原因,进行另一道焊缝的焊接。

第三节　板-板单面焊双面成型——平焊

在焊件坡口一侧进行焊接而在焊缝正、反面都能得到均匀整齐而无缺陷的焊道,这种焊接叫作单面焊双面成型焊接,这是一种难度较高的焊接操作。

目前,在实践中主要分为间断灭弧施焊法和连弧施焊法,两种方法各有其特点,只要掌握得当,这种焊接均能获得良好质量的焊缝。

一、焊前准备

1.试件及坡口尺寸

(1)材质:Q235;

(2)试件尺寸:300 mm×200 mm×12 mm;

(3)坡口形状及尺寸,如图4-13所示。

2.焊接材料及设备

(1)焊接材料:E4303,ϕ3.2 mm、ϕ4.0 mm;

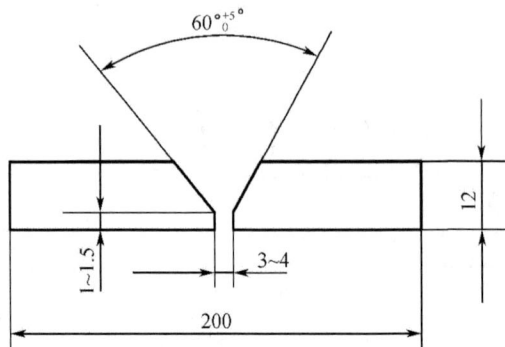

图 4-13　坡口尺寸图

（2）焊接电源：BX3-300。

3. 焊前清理

将坡口及两侧 20 mm 范围内的铁锈污、氧化物等清理干净，使其露出金属光泽。

4. 装配与定位焊

（1）组对间隙：始焊端 3 mm，终焊端 4 mm；

（2）预留反变形：3°~4°；

（3）错边量：错边量≤1 mm；

（4）钝边：1 mm~1.5 mm。

二、焊接工艺参数

平对接单面焊，双面成型焊接工艺参数，见表 4-2。

表 4-2　平对接单面焊双面成型焊接工艺参数

焊接层次	焊条直径/mm	焊条电流/A	焊条电压/V
打底层	3.2	75~110	22~24
填充层(1)	4.0	170~180	22~24
填充层(2)	4.0	160~180	22~24
盖面层	4.0	160~170	22~24

三、基本操作要点

(一)打底焊

打底层的焊接是单面焊双面成型的关键,主要有三个重要环节:引弧、收弧、接头。焊条与焊接前进方向的角度为40°～50°,选用断弧焊一点击穿法。

1. 引弧

在始焊端的定位焊处引弧,并略抬高电弧稍作预热。当焊至定位焊缝尾部时,将焊条向下压一下,听到"噗、噗"的声音后,立即灭弧。此时熔池前端应有熔孔,深入两侧母材0.5 mm～1 mm,如图4-14所示。当熔池边缘变成暗红,熔池中间仍处于熔融状态时,立即在熔池的中间引燃电弧,焊条略向下轻微的压一下,形成熔池,打开熔孔立即灭弧,这样反复击穿直到焊完。运条间距要均匀准确,使电弧的2/3压住熔池,1/3作用在熔池前方,用来熔化和击穿坡口根部形成熔池。

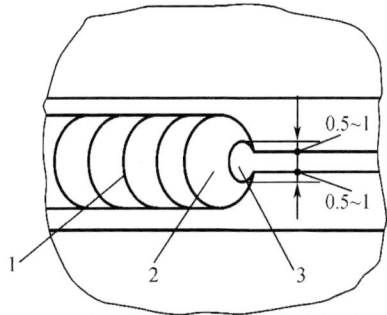

图4-14 平板对接熔孔

2. 收弧

即将更换焊条前,应在熔池前方做一个熔孔,然后回焊10 mm左右,再灭弧;或向末尾熔池的根部送进2～3滴铁水,然后灭弧更换焊条,以使熔池缓慢冷却,避免接头出现冷缩孔。

3. 接头

采用热接法接头时换焊条的速度要快,在收弧熔池还没有完全冷却时,立即在熔池后10 mm～15 mm处引弧。当电弧移至收弧熔池边缘时,将焊条向下压,听到击穿声,稍作停顿,然后灭弧,接下来再给两滴铁水,以保证接头过渡平整,然后恢复原来的断弧焊法。

(二)填充焊

填充焊前应对前一层焊缝仔细清渣,特别是死角处更要清理干净。填充焊的运条手法为月牙形或锯齿形,焊条与焊接前进方向的角度为40°～50°,填充焊时应注意以下三点。

(1)焊条摆动到两侧坡口处要稍作停留，保证两侧有一定的熔深并使填充焊道略向下凹。

(2)最后一层的填充焊焊缝高度应低于母材约 0.5 mm ~ 1.5 mm。要注意不能熔化坡口两侧的棱边，以便于盖面焊时掌握焊缝宽度。

(3)接头方法，如图 4 - 15 所示，不需向下压电弧。

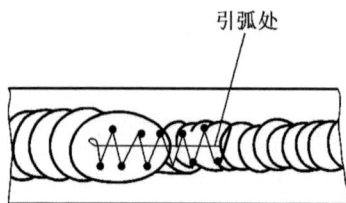

图 4 - 15　填充层接头方法

(三) 盖面焊

盖面层施焊的焊条角度、运条方法及接头方法与填充层相同，但盖面层施焊的焊条摆动的幅度要比填充层大。摆动时，要注意摆动幅度一致，运条速度均匀。同时，注意观察坡口两侧的熔化情况，施焊时在坡口两侧稍作停顿，以便使焊缝两侧熔合良好，避免产生咬边，以得到优良的盖面焊缝。注意保证熔池边沿不得超过表面坡口棱边 2 mm，否则焊缝超宽。

第四节　板 - 板单面焊双面成型——立焊

一、焊前准备

1. 试件尺寸及要求

(1)试件材料:20 g;

(2)试件及坡口尺寸:300 mm×200 mm×12 mm,如图 4 - 16 所示;

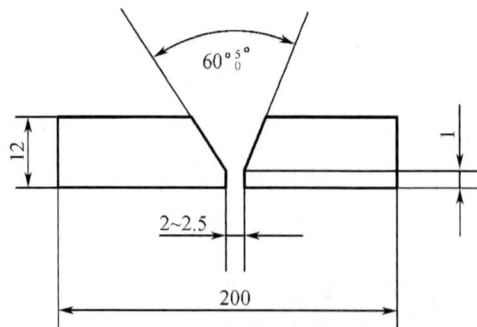

图 4 - 16　试件及坡口尺寸

(3)焊接位置:立焊;

(4)焊接要求:单面焊双面成型;

(5)焊接材料:E4303,ø3.2 mm、ø4.0 mm。

2. 准备工作

(1)选用 BX3-300 型弧焊变压器。使用前应检查焊机各处的接线是否正确、牢固、可靠,按要求调试好焊接工艺参数。同时应检查焊条质量,不合格的焊条不能使用。焊接前焊条应严格按照规定的温度和时间进行烘干,然后放在保温筒内随用随取。

(2)清理坡口及其正、反两面两侧 20 mm 范围内的油、污、锈,直至露出金属光泽。

(3)准备好工作服、焊工手套、护脚、面罩、钢丝刷、锉刀和角向磨光机等。

3. 试件装配

(1)装配间隙:始端为 2.0 mm,终端为 2.5 mm。

(2)定位焊:采用与焊接试件相应型号焊条进行定位焊,并在试件坡口内两端定位焊,焊点长度为 10 mm~15 mm,将焊点两端打磨成斜坡。

(3)预置反变形量 3~4°。

(4)错边量 <1 mm~2 mm。

二、焊接工艺参数

平板时接立焊工艺参数,见表 4-3。

表 4-3 平板对接立焊工艺参数

焊接层次	焊条直径/mm	焊接电流/A
打底焊	3.2	100~110
填充焊	3.2	110~120
盖面焊	3.2	100~110

三、基本操作要点

焊接分四层、四道施焊,如图 4-17 所示。

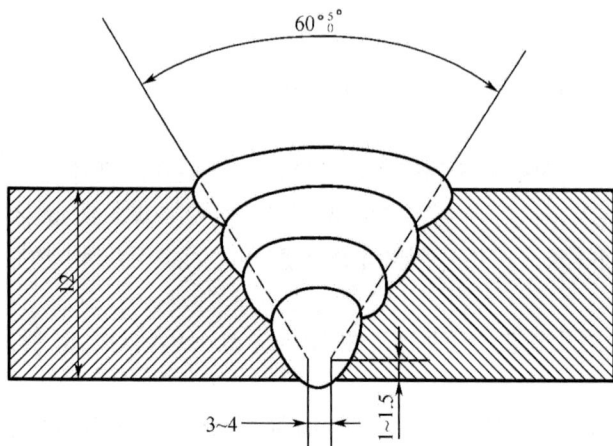

图 4 – 17　焊接示意图

（一）打底焊

可采用连弧法也可采用断弧法。本实例采用连弧法。

1. 引弧

在定位焊缝上端部引弧,焊条与试板的下倾角定为 75°~80°,与焊缝左右两边夹角为 90°。当焊至定位焊缝尾部时,应稍作停顿进行预热,将焊条向坡口根部压一下,在熔池前方打开一个小孔(称为熔孔)。此时听见电弧穿过间隙发出清脆的"噗、噗"的声音,表示根部已熔透。这时,应立即灭弧,以防止熔池温度过高使熔化的铁水下坠,使焊缝正面、背面形成焊瘤。

2. 焊接运条方法

采用月牙形或锯齿形横向短弧操作方法。弧长应小于焊条直径,电弧过长易产生气孔。在灭弧后稍等一会儿,此时熔池温度迅速下降,通过护目玻璃可看见原有白亮的金属熔池迅速凝固,液体金属越来越小直到消失。这个过程中可明显地看到液体金属与固体金属之间有一道细白发亮的交接线。这道交接线轮廓迅速变小直到一点而消失。重新引弧时间应选择在交接线长度大约缩小到焊条直径的 1~1.5 倍时,重新引弧的位置应为交接线前部边缘的下方 1 mm~2 mm 处。这样,电弧的一半将前方坡口完全熔化,另一半将已凝固的熔池的一部分重新熔化,形成新的熔池。这新熔池一部分压在原先的熔敷金属上,与母材及原先的熔池形成良好的熔合。在熔池温度适当的情况下,焊条可继续送进和向上运动,不断形成根部焊透程度良好的焊缝,直到再次发现熔池温度过高,再一次灭弧等待熔池冷却,如此反复焊接便可得到整条焊缝,这就是打底层的"半击穿焊法"。

3. 收弧

打底层焊接在更换焊条前收弧时,先在熔池上方做一个熔孔,然后回焊约10 mm再灭弧,并使其形成斜坡形状。

4. 接头

接头分为热接头和冷接头两种类型。

(1)热接头

当熔池还处在红热状态时,在熔池下方约15 mm坡口引弧,并作横向摆动焊至收弧处,使熔池温度逐步升高,然后将焊条沿着预先做好的熔孔向坡口根部压一下,同时使焊条与试板的下倾角度增加到约90°。此时听到"噗、噗"的声音。然后,稍作停顿,再恢复正常焊接。停顿时间要合适,若时间过长,根部背面容易形成焊瘤;若时间过短,则不易接上接头或背面容易形成内凹。要特别注意,这种接头方法要求更换焊条动作越快越好。

(2)冷接头

当熔池已经冷却,最好是用角向砂轮或錾子将焊道收弧处打磨成长约10 mm的斜坡。在斜坡处引弧并预热。当焊至斜坡最低处时,将焊条沿预作的熔孔向坡口根部压一下,听到"噗、噗"的声音后,稍作停顿后恢复焊条正常角度继续焊接。

5. 打底层焊缝厚度通常为坡口背面1 mm～1.5 mm,正面厚度约为3 mm。

(二)填充焊

填充焊在距焊缝始焊端上方约10 mm处引弧后,将电弧迅速移至始焊端施焊。每层始焊及每次接头都应按照这样的方法操作,避免产生缺陷。运条采用横向锯齿形或月牙形,焊条与板件的下倾角为70°～80°。焊条摆动到两侧坡口边缘时,要稍作停顿,以利于熔合和排渣,防止焊缝两边未熔合或夹渣。填充焊层高度应距离母材表面1 mm～1.5 mm,并应成凹形,不得熔化坡口棱边线,以利盖面层保持平直。

(三)盖面焊

盖面焊的引弧操作方法与填充层相同,焊条与板件下倾角70°～80°,采用锯齿形或月牙形运条。焊条左右摆动时,在坡口边缘稍作停顿,熔化坡口棱边线1 mm～2 mm。当焊条从一侧到另一侧时,中间电弧稍抬高一点,观察熔池形状。焊条摆动的速度较平焊稍快一些,前进速度要均匀,每个新熔池覆盖前一个熔池2/3～3/4为佳。换焊条后再焊接时,引弧位置应在坑上方约15 mm填充层焊缝金属处引弧,然后迅速将电弧拉回至原熔池处,填满弧坑后继续施焊。

(四)注意事项

(1)焊接过程中,要分清铁水和熔渣,避免产生夹渣。

(2)在立焊时密切注意熔池形状。发现椭圆形熔池下部边缘由比较平直轮廓逐步变成鼓肚变圆时,表示熔池温度已稍高或过高,应立即灭弧,降低熔池温度,避免产生焊瘤,如图4-18所示。

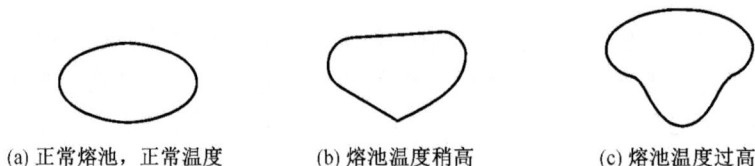

(a) 正常熔池,正常温度　　　(b) 熔池温度稍高　　　(c) 熔池温度过高

图4-18　熔池形状和温度的关系

(a)正常熔池,正常温度;(b)熔池温度稍高;(c)熔池温度过高

(3)严格控制熔池尺寸。打底焊在正常焊接时,熔孔直径大约为所用焊条直径的1.5倍,将坡口钝边熔化0.8 mm~1.0 mm,可保证焊缝背面焊透,同时不出现焊瘤。当熔孔直径过小或没有熔孔时,就有可能产生未焊透。

(4)与定位焊缝接头时,应特别注意焊接厚度。

(5)对每层焊道的熔渣要彻底清理干净,特别是边缘死角的熔渣。

(6)盖面时要保证焊缝边缘和下层熔合良好。如发现咬边,焊条稍微动一下或多停留一会,焊缝边缘要和母材表面圆滑过渡。

第五节　板-板单面焊双面成型——横焊

一、焊前准备

1. 试件尺寸及要求

(1)试件材料:16 Mn。

(2)试件及坡口尺寸:300 mm×200 mm×12 mm,如图4-19所示。

(3)焊接位置:横焊。

(4)焊接要求:单面焊双面成型。

(5)焊接材料:E5015。

2. 准备工作

选用 ZXS - 400 型或 ZX7 - 400 型弧焊整流器，采用直流反接，基本要求与"对接立焊"相关内容相同。

3. 试件装配

（1）装配间隙：始端为 3.0 mm，终端为 4.0 mm。

（2）定位焊：采用与焊接试件相应型号焊条进行定位焊，并点焊于试件坡口内两端，焊点长度不得超过 20 mm，将焊点接头端打磨成斜坡。

（3）预置反变形量：预置反变形量 6°。

（4）错边量：错边量 < 1.2 mm。

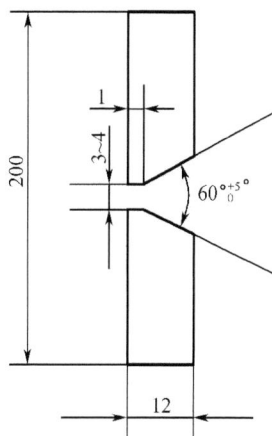

二、焊接焊接工艺参数

平板对接横焊工艺参数，见表 4 - 4。

图 4 - 19　试件及坡口尺寸

表 4 - 4　平板对接横焊工艺参数

焊接层次	焊条直径/mm	焊接电流/A
打底焊	2.5	70 ~ 80
填充焊	3.2	120 ~ 140
盖面焊	3.2	120 ~ 130

三、基本操作要点

可采用连弧或断弧焊，采用四层八道焊接，如图 4 - 20 所示。

（一）打底焊

1. 连弧焊接

在试件左端定位焊缝上引弧，并稍停进行预热。将电弧上下摆动，移至定位焊缝与坡口连接处，压低电弧待坡口熔化并击穿，形成熔孔，转入正常焊接。运条过程中要采用短弧，运条要均匀，在坡口上侧停留时间应稍长些，运条方法及焊条角度如图 4 - 21 所示。

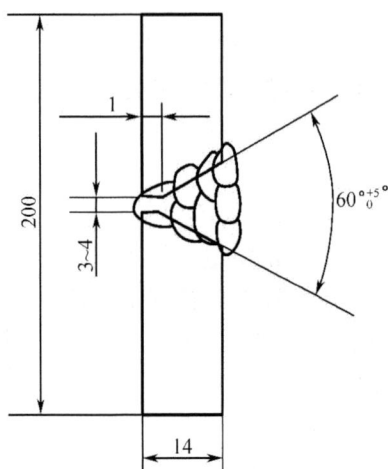

图 4 - 20　焊接层次及方法

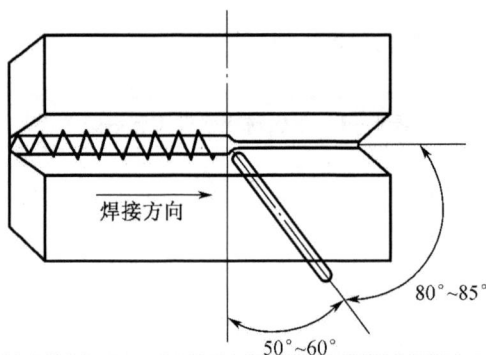

图 4 - 21　运条方法及焊条角度

2. 断弧焊接

横焊打底层焊接时采用灭弧法,焊接动作和焊条角度,如图 4 - 22 所示。当电弧指向上、下坡口时,焊条角度,如图 4 - 23 所示,得到的焊缝及熔孔如图 4 - 24 所示。

采用两点击穿法,在坡口内引燃电弧顺焊点向前方施焊并预热和熔化坡口最低处,击穿根部。这时,听到击穿根部的电弧声,并看到熔孔出现,形成熔池,立即灭弧。下一次引弧始终在熔池上沿处引弧,迅速移动到上侧坡口根部,将其击穿后,马上再移动到下侧坡口,击穿根部,然后再灭弧。每次灭弧、击穿应压着熔池的 2/3 向前移动,上下根部都不能停留时间过长,如果停留时间过长,上侧根部背面容易产生咬边,下侧根部背面容易产生下坠。一般每侧根部停留约 1 s,保持被熔化的熔孔均匀,熔孔单侧约为 0.8 mm。更换焊条灭弧时,必须填满弧坑,使熔池缓慢降温,以防止产生气孔、裂纹。

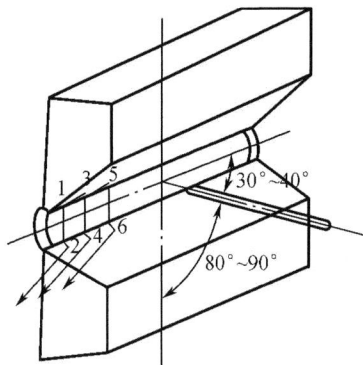

图 4 - 22　焊接动作和焊条角度

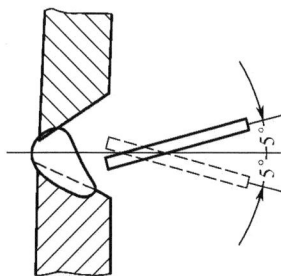

图 4 - 23　焊条角度

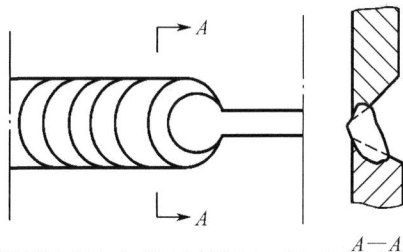

图 4 - 24　焊缝及熔孔

打底焊需要换焊条接头时,应在距前段焊道收尾处约 10 mm 处的坡口内引燃电弧,持续预热升温,焊至坡口根部,将焊条伸入焊缝中心击穿根部。听到击穿根部的电弧声后,看到熔化的熔孔并稍作停顿,立即灭弧,继续正常运条,完成打底焊的焊接。接头操作技术和立焊基本相同。

(二)填充焊

填充焊要求焊两层,填充层的焊条角度如图 4 - 25 所示。

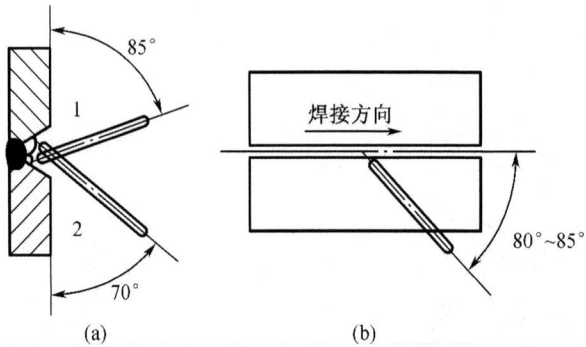

图 4 - 25　填充层的焊条角度示意图

　　各填充层均采用连弧多道焊接。由坡口下方开始焊接,逐渐向上排列。每道焊缝压上道焊缝 1/2,从左至右焊接。填充最后一层的高度距坡口边缘线 1 ~ 2 mm,不能破坏上下坡口边缘线,以它为盖面的基准线。更换焊条操作技术和立焊相同。

(三)盖面焊

　　盖面焊采用连弧多道焊接,由坡口下方始焊,逐渐向上排列,每道焊缝之间压 1/2 左右。第一道焊道以熔化下侧坡口边缘 1 mm ~ 2 mm 为宜,最后一道焊道以熔化上侧坡口边缘 1 mm ~ 2 mm 为宜,焊条角度如图 4 - 26 所示。

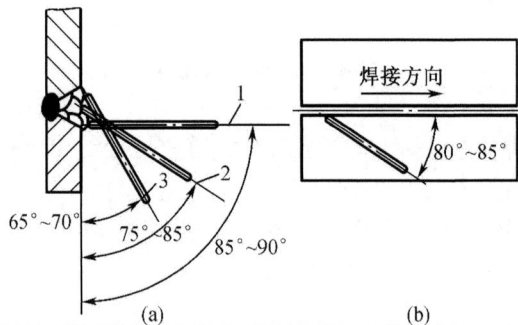

图 4 - 26　盖面焊焊条角度示意图

(四)注意事项

(1)保证根部熔透均匀,背面成型饱满。

(2)打底焊接时,要求运条动作迅速、位置准确。

(3)焊接各层时,必须注意观察上、下坡口熔化情况。熔池要清晰,无熔渣浮在熔池表面时,焊条才能向前移动,尤其是要注意避免上坡口处出现很深的夹沟,克服方法是电弧指向上侧坡口使其充分熔化。

第六节　板－板单面焊双面成型——仰焊

一、焊前准备

1. 试件尺寸及要求

(1)试件材料:20 g。

(2)试件及坡口尺寸:300 mm×200 mm×12 mm,如图4－27所示。

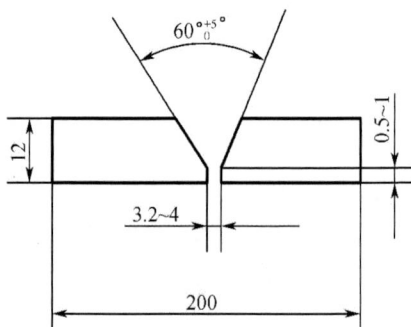

图4－27　试件及坡口尺寸示意图

(3)焊接位置:仰焊。

(4)焊接要求:单面焊双面成型。

(5)焊接材料:E4303。

2. 准备工作

选用BX3－300型弧焊变压器,基本要求与"对接立焊"的相关要求相同。

3. 试件装配

(1)装配间隙:始端为3.2 mm,终端为4.0 mm。

(2)定位焊:采用与正式焊接试件相同型号焊条进行定位焊,并在试件坡口内两端点焊,焊点长度为10 mm～15 mm,将焊点接头端打磨成斜坡。

(3)预置反变形量预置反变形量为3°～4°。

(4)错边量:错边量<1.2 mm。

二、焊接工艺参数

平板对接仰焊工艺参数,见表 4 - 5。

表 4 - 5 平板对接仰焊工艺参数

焊接层次	焊条直径/mm	焊接电流/A
打底焊	2.5	80 ~ 90
填充焊	3.2	115 ~ 130
盖面焊	3.2	110 ~ 120

三、基本操作要点

平板对接仰焊是平板对接焊的四种位置中最困难的一个位置,如果操作不当容易造成焊缝正面产生焊瘤或高低差较大,背面容易产生凹陷。因此,操作时必须采用短弧焊接,试件水平固定,坡口向下,间隙小的一端位于始焊端,采用四层四道焊接。

(一)连弧法

1. 引弧

在定位焊缝上引弧,并使焊条在坡口内作轻微横向快速摆动,当焊至定位焊缝尾部时,应稍作预热,将焊条向上顶一下。听到"噗、噗"的声音时,说明坡口根部已被熔透,形成第一个熔池,并形成熔孔,熔孔向坡口两侧各深入 0.5 mm ~ 1.0 mm。

2. 运条方法

采用月牙形或锯齿形运条,当焊条摆动到坡口两侧时,要停留一段时间,以避免产生夹渣及未熔合缺陷。

3. 焊条角度

焊条与试件两侧夹角为 90°,与焊接方向夹角为 75° ~ 85°。

4. 焊接技术要点

焊接时,尽量将电弧压至最短,利用电弧吹力把铁水托住,并使一部分铁水过渡到坡口根部背面。要使新熔池覆盖前一个熔池 1/2,并适当加快焊接速度,以减少熔池面积并形成较薄的焊肉,达到减轻焊肉的自重,避免造成焊瘤。焊层表面要求平直,避免下凸,否则给下层焊接带来困难,并易产生夹渣及未熔合等缺陷。

5.收弧

收弧时,将电弧向熔池的熔孔后移 8 mm～10 mm,再灭弧,使焊缝形成斜坡。

6.接头

(1)热接法用热接头法焊接时,换焊条动作越快越好。在弧坑后面 10 mm 的坡口内引弧,当运条到弧坑根部时,应缩小焊条与焊接方向的夹角。同时,将焊条沿着原熔孔向坡口根部向上顶一下,听到"噗、噗"的声音后,稍停并恢复正常手法焊接。

(2)冷接法其操作要点是用角向砂轮或錾子将收弧处打磨成 10～15 mm 的斜坡,在斜坡上引弧并预热,运条至根部。将焊条顺着原先熔孔迅速向上顶,听到"噗、噗"的声音后,稍作停顿,恢复正常手法焊接。

(二)断弧法

1.打底焊

焊条与焊接方向夹角 70°～85°,与试件两侧夹角为 90°,采用一点击穿的手法施焊。

在定位焊缝上引弧,然后焊条在始焊部位坡口内作横向快速摆动。当焊至定位焊缝尾部时,应稍作停顿进行预热,并将焊条向上顶一下。听到"噗、噗"的声音,表示坡口根部已被熔透,根部熔池已形成,并使熔池前方形成向坡口钝边两侧各深入 0.5 mm～1 mm 的熔孔,然后向斜下方立即灭弧。

当熔池未完全凝固还剩下约 1/3 熔池时,立即再送入第二滴铁水,对准焊缝根部中心送焊条。焊条不作横向摆动,焊条送到位后保持一定熔化时间。这时,电弧应完全在试件坡口根部的背面。两侧坡口钝边应完全熔化,一并深入两侧母材 0.5 mm～1.0 mm。操作时,灭弧动作要快速、干净利落,并使焊条每次都向上顶,利用电弧吹力顺利地把熔滴过渡到坡口背面,保证坡口正反两面金属熔化充分和焊缝成型良好。

灭弧和再起弧时间要短,灭弧频率 30～35 次/分钟,每次再起弧的位置要准确,如图 4-28 和图 4-29 所示。

更换焊条前,应在熔池前方形成熔孔,然后回移约 10 mm 灭弧,迅速更换焊条后,在弧坑后部 10 mm～15 mm 坡口内引弧。用连弧法运条到弧坑根部时,将焊条沿着预先做好的熔孔向坡口根部上顶一下,听到"噗、噗"的声音后稍停顿,立即向已形成的焊缝方向灭弧,接头完成后,继续正常运条进行打底焊接。

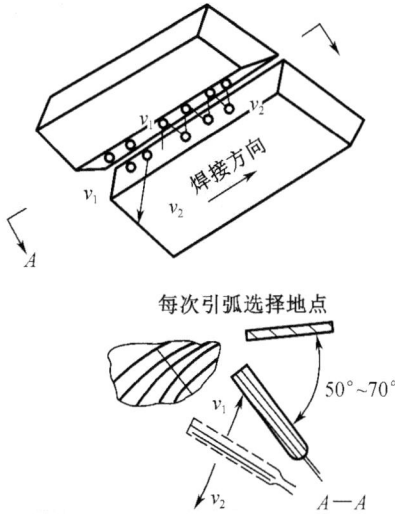

每次引弧选择地点

50°~70°

v_1

v_2

$A—A$

图 4 – 28　仰焊焊条角度及动作

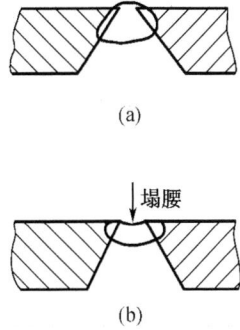

(a)

塌腰

(b)

图 4 – 29　仰焊第一道焊缝形状

2. 其他各层焊法与连弧法相同。

3. 注意事项

(1)打底层

打底层的焊道要细而均匀,外形平缓,避免焊缝中间过分下坠。否则,容易给第二层焊缝造成夹渣或未熔合等缺陷。

(2)应仔细清理每层焊缝的飞溅和熔渣。

(3)表面层焊接速度要均匀一致,控制好焊缝高度和宽度,并保持一致。

第七节　管－管垂直固定焊接

一、焊前准备

1. 试件尺寸及要求

(1)试件材料:20 g。

(2)试件尺寸及坡口形状:ø 108 mm×100 mm×8 mm,如图 4 – 30 所示。

(3)焊接位置:垂直固定。

(4)焊接要求:单面焊双面成型。

（5）焊接材料：E4303。

2. 准备工作

选用 BX3 – 300 型弧焊变压器，基本要求与"对接立焊"的相关内容相同。

3. 试件装配

（1）装配间隙：间隙为 3.0 mm。

（2）定位焊：其相对位置如图 4 – 31 所示，采用与正式焊接试件相同型号焊条进行定位焊，并在试件坡口内进行定位焊，焊点长度为 10 mm ~ 15 mm，厚度为 3 mm ~ 4 mm，必须焊透且无缺陷，其两端应预先打磨成斜坡，以便接头。

（3）错边量：错边量 <0.8 mm。

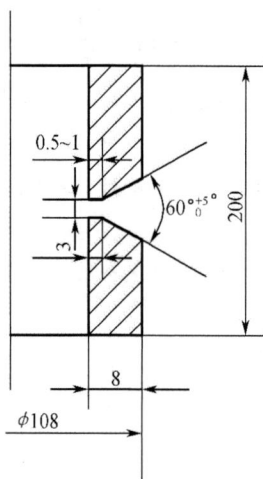

图 4 – 30　试件及坡口尺寸

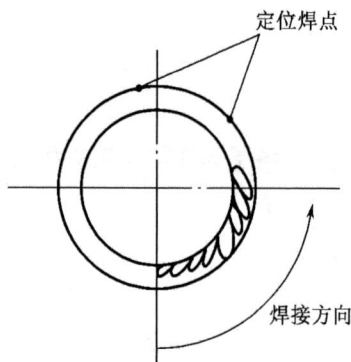

图 4 – 31　定位焊位置示意图

二、焊接工艺参数

管 – 管垂直固定焊接工艺参数，见表 4 – 6。

表 4 – 6　垂直固定管焊接工艺参数

焊接层次	焊条直径/mm	焊接电流/A
打底焊	2.5	80 ~ 85
填充焊	3.2	110 ~ 120
盖面焊	3.2	110 ~ 120

三、基本操作要点及注意事项

采用三层六道焊接。垂直固定管焊接操作技术基本和板状对接横焊相同。不同之处是管子有弧度,焊条要随时变换角度。

1. 打底焊

可采用连弧或断弧焊接。本实例为断弧焊接,采用逆时针方向焊接。焊条与试件下侧夹角为75°~80°,与管子切线的焊接方向夹角为70°~75°,如图4-32所示。

在定位焊接点对称的坡口内引弧,采用两点击穿法进行焊接。待坡口两侧熔化时,焊条向根部压送,熔化并击穿坡口根部,听到"噗、噗"的声音,并形成第一个熔池和熔孔,使两侧钝边熔化0.5 mm~1.0 mm,立即灭弧。待熔池收缩到原熔池的1/3时,马上重新引弧进行焊接。电弧始终从坡口上侧引

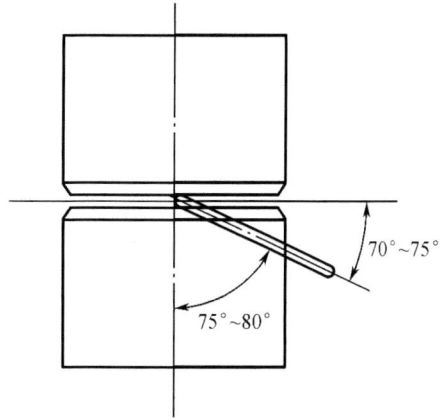

图4-32　焊条角度

燃,并在上侧根部停留约1 s,然后向下侧运条。在下侧根部停留1~2 s后,迅速移动焊条,使电弧沿坡口下侧后方灭弧。灭弧与引弧时间间隔要短,灭弧动作要果断,不得拉长电弧,灭弧频率每分钟70~80次,引弧位置要准确,焊接时应保持熔池形状大小一致,熔池铁水清晰明亮。

打底焊换焊条时,在距离前段焊缝收尾处向后约10 mm处引弧,连弧焊接至收弧弧坑中心坡口根部时,焊条向下压一下,听到"噗、噗"的声音,表示接头熔透并形成熔孔,立即灭弧,然后正常运条施焊。

与定位焊缝接头时,当运条到定位焊缝根部时,要留一个小孔,小孔直径与所用焊条直径相当。此时不能灭弧,并将定位焊缝端预热,继续补充铁水让小孔自由封口,在封口的同时焊条向下压一下,听到"噗、噗"的声音后,稍作停顿,继续焊接约10 mm,填满弧坑再收弧。

后半圈焊接时,引弧是从定位焊缝开始,然后接头,打底焊最后一个接头的操作方法和前一个接头的操作方法一样。

2. 填充焊

采用连弧手法,进行一层二道焊接操作,更换焊条时,接头是从收弧处前方约

10 mm 处引弧,将电弧拉回弧坑并填满,然后正常运条施焊。从下侧坡开始排列,压第一道焊道 1/3～1/2。填充层高度距离焊件表面坡口边缘线 1 mm～2 mm。保持坡口边缘线完整。这是盖面时的基准线。

3. 盖面焊

盖面层分三道焊接,从下侧坡口开始向上排列,焊前应将填充层的熔渣和飞溅等物清理干净,并修平局部上凸的部分,采用直线不摆动运条。第一道焊道焊条与试件下侧夹角约为 80°,使下坡口边缘熔化 1 mm～2 mm。焊接第二道焊道时,焊条与试件下侧夹角 85°～90°,并有 1/2 压在上一道焊道上。最后一道焊道焊条与焊件下侧夹角为 70°～80°,并使上坡口边缘熔化 1 mm～2 mm,达到焊缝与试件表面圆滑过渡。

4. 注意事项

(1)每层焊缝完成后,将熔渣和凸出的部分清除。

(2)坡口上侧、下侧和熔敷金属之间不能形成死角,以免形成夹渣及未熔合。

(3)运条过程中,必须根据管道圆弧的变化而不断变换焊条角度。

(4)盖面层要求高低、宽窄一致,避免上侧咬边。

第八节　管－管水平固定焊接

一、管－管水平固定立向上焊

(一)焊前准备

1. 试件尺寸及要求

(1)试件材料:20 g。

(2)试件尺寸及坡口形状: ∅108 mm×100 mm×8 mm,如图 4－33 所示。

(3)焊接位置:水平固定。

(4)焊接要求:单面焊双面成型。

(5)焊接材料:E4303。

2. 准备工作

选用 BX3－300 型弧焊变压器,基本要求与"对接立焊"的相关要求相同。

3. 试件装配

(1)装配间隙:间隙为 3.0 mm。

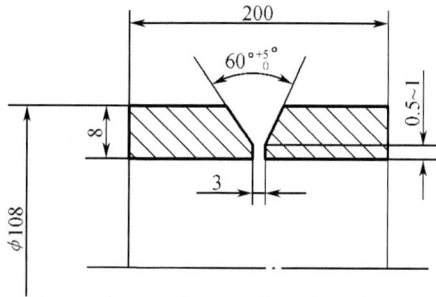

图 4 - 33 试件及坡口尺寸示意图

（2）定位焊:定位焊相对位置如图 4 - 33 所示,采用与焊接试件相应型号焊条进行定位焊,并在试件坡口内点焊,焊点长度为 10 mm ~ 15 mm,厚度为 3 mm ~ 4 mm,并要求定位焊点焊透且无缺陷,其两端应预先打磨成斜坡,以便接头。

（3）错边量:错边量 < 0.8 mm。

(二)焊接工艺参数

管 - 管水平固定焊接工艺参数,见表 4 - 7。

表 4 - 7 水平固定管焊接工艺参数

焊接层次	焊条直径/mm	焊接电流/A
打底焊	2.5	85 ~ 95
填充焊	3.2	100 ~ 110
盖面焊	3.2	100 ~ 110

(三)基本操作要点

采用三层三道焊接。

1.打底焊

水平固定管根部焊缝常出现的缺陷分布状况,如图 4 - 34 所示。图中1,5,6处产生缺陷可能性较大;2 处易出现凹坑及气孔;3,4 处铁水与熔渣易分离,透度良好;5 处易出现焊透程度过分及透度不均匀。

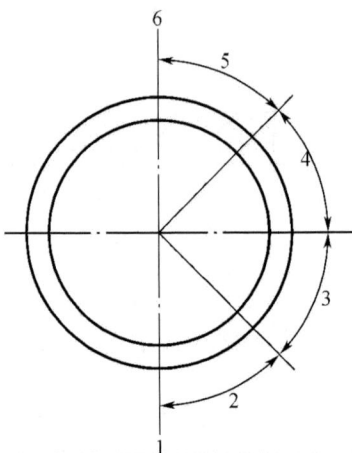

图 4－34　缺陷分布状况图

（1）打底焊时，根部前半圈的焊接焊条角度，如图 4－35 所示，焊接水平固定管在起焊时，应从仰焊部位中心线提前 5 mm 处开始。操作是从仰焊缝的坡口面上引弧至始焊处，用长弧预热，当坡口内有似汗珠状铁水时，迅速压短电弧，靠近坡口钝边作微摆动。当坡口钝边之间熔化形成熔池时，焊条往坡口中心向上顶一下，听到击穿坡口根部的电弧声，便形成熔池和熔孔，立即灭弧，然后方可继续向前施焊。以半击穿焊法运条，将坡口两侧钝边熔透造成反面成型，并按仰焊、仰立焊、立焊、斜平焊、平焊顺序完成第一半圆圈焊接。为了保证平焊接头质量，在焊接前半圈应在水平最高点过去约 5 mm 处灭弧。

（2）打底焊时，后半圈的焊接由于起焊时最容易产生凹坑、未焊透、夹渣、气孔等多种缺陷，在焊接仰焊处的接头时，应把先焊的焊缝端头用角向砂轮或鉴子去掉 5 mm~8 mm，并形成斜坡，以保证接头处的焊接质量。在坡口内引弧，将电弧拉至斜坡后端开始焊接，这时切勿灭弧，当运条至中心线时必须将焊条用力向上一顶，熔化根部形成熔孔，立即灭弧，并进行正常焊接。

（3）定位焊缝接头时，当运条至定位焊缝时，用电弧熔穿根部间隙，使其充分熔合；当运条到另一端时，焊条稍作停顿，击穿坡口钝边后立即灭弧，恢复正常焊接。

（4）平焊接头运条至斜平焊位置时，将焊条前倾，当运条距接头 3 mm~4 mm 时，连续焊接至接点，此时不能灭弧。当接头封闭时，将焊条向下压一下，此时可听到电弧击穿根部的"噗、噗"的声音，说明根部熔透，并在此处将焊条来回摆动一下，使其充分熔化，再继续向前焊接约 10 mm，填满弧坑收弧。

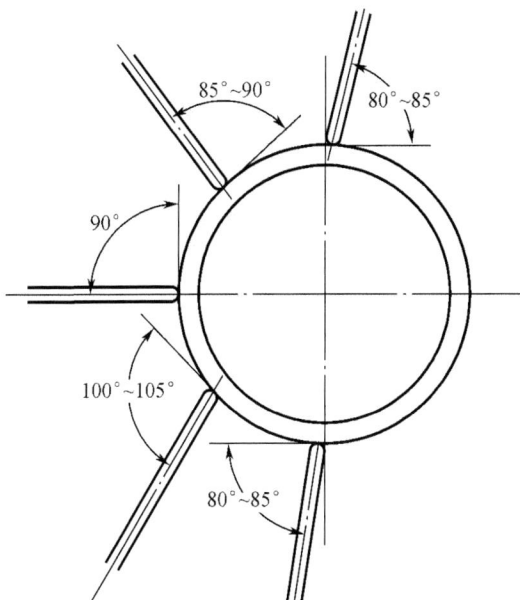

图 4 − 35　焊接焊条角度图

2. 填充焊

清理和修整打底层熔渣和局部凸起部分后,采用锯齿形或月牙形运条方法,焊条角度与打底焊相同。焊条摆动到坡口两侧时,稍作停顿,中间速度稍快,焊缝与母材交界处不要产生死角,焊接速度均匀一致,保持填充层平整,填充层表面距母材表面 1 mm ~ 2 mm 为宜,不得熔化坡口棱边。中间接头更换焊条要迅速,在弧坑前 10 mm 处引弧,然后将电弧拉至弧坑处,填满弧坑,再按正常方法施焊。不能直接在弧坑处引弧焊接,以免产生气孔等缺陷。

填充焊在前半圈平焊收弧时,应对弧坑稍填入一些铁水,以便弧坑成斜坡形(也可采用打磨两端使接头位置成斜坡状),并将其起始端熔渣敲掉 10 mm,焊缝收弧时要填满弧坑。

3. 盖面焊

盖面层的焊接运条方法、焊条角度与填充层焊接相同,但焊条的摆动幅度应适当加大。在坡口两侧应稍作停顿,并使两侧坡口边缘线各熔化 1 mm ~ 2 mm,要防止咬边的产生,表面的焊缝接头方法和填充焊相同。

二、管 – 管水平固定立向下焊

下向焊接工艺方法,适用于用细晶粒结构钢制造的薄壁、大直径管道的焊接,它可以形成非常小的焊接热输入量,使钢材优良的塑、韧性在焊接接头上得到极大的满足。它的优点是焊接线能量特别小、焊道背面成型好、焊接速度快、焊条抗裂纹性好、抗气孔能力强、设备简单、非常适合野外作业;缺点是向下焊时,熔深较浅、焊道间打磨工作量大、对焊口尺寸要求较高。

(一)焊前准备

1. 工件准备

管子尺寸为 ϕ300 mm×8 mm,管子坡口具体要求如下:

(1)钝边:1 mm ~ 2 mm;

(2)坡口角度:单面 32° ±2°;

(3)管两侧 15 mm 范围清理至露出金属光泽;

(4)管子内壁不得有内坡口。

2. 接口质量要求

(1)错边量:管组合后错边量应小于 1.2 mm,尽量减少在相当于"时钟 6 点"位置的错边量。

(2)组对间隙:相当于"时钟 12 点",间隙为 1.5 mm,相当于"时钟 6 点"位置,间隙为 2 mm。

3. 焊接电源

向下焊使用纤维素焊条时,一般焊接设备会出现断弧现象,不能满足这种工艺要求,所以最好选用管道向下焊专用焊机。

4. 向下焊的对口及定位焊

向下焊最好采用对口器对口,直接焊接,也可以采用与管件成分相同的定位镶块对称点固,但点固要特别注意对口质量,如图 4 – 36 所示。

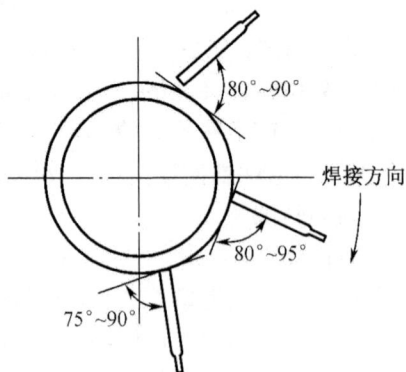

图 4 – 36　焊条角度示意图

（二）向下焊焊接工艺参数

向下焊焊接工艺参数，见表4－8。

表4－8　向下焊接工艺参数

焊道名称	焊条牌号	药皮类型	直径/mm	极性	电流范围/A	焊接速度/(cm/min)
根焊	E6010	纤维素型	3.2	反接	70～100	10～30
热焊	E8010	纤维素型	4.0	正接	150～170	20～30
填充焊	E8010/E8018	纤维素/向下低氢型	4.0	正接	160～180	20～30
盖面焊	E8010/E8018	纤维素/向下低氢型	4.0	正接	150～170	20～30

（三）基本操作要点

1. 根焊缝

根焊缝是整个焊缝的关键焊道，根焊缝的质量直接影响整个焊道的质量及性能。

（1）在相当于"12点～2点"的位置焊接。铁水由于自重有向管内下附趋势，在此段内，焊条角度过小或电弧过低，则易形成背面窄而高的焊瘤及单边未熔合及夹渣。焊接时在相当于"时钟12点"位置引燃电弧后，焊条前端对准间隙横向摆动做一个稳弧动作，击穿坡口钝边形成熔孔后，采取连弧焊接，适当拉长电弧并作往返运条，以两侧坡口钝边熔化0.5 mm～1 mm为宜，往返运条幅度不要太大，一般应小于焊条直径，焊条角度如图4－36所示。

（2）在相当于"2点～4点"的位置焊接。由于自重、铁水及熔渣都有顺着管子坡口面下坠的趋势，焊接时焊条应顶住熔池压低电弧，不要拉长电弧，焊条角度变化要灵活掌握，焊条角度过大易造成熔渣超前，角度过小易形成背凹及咬边，焊条角度80°～95°。

（3）在相当于"4点～6点"的位置时焊接。铁水由于自重而沿管外下坠的趋势较大，焊接时应采取短弧，将焊条前端顶住熔池，并且向上顶以促使熔滴过渡，保证仰焊位置根部不产生内凹，焊条角度75°～90°。

（4）接头处理方法。每根焊条的收弧处应打磨15 mm～20 mm，呈缓坡状，熔孔上方必须均匀打薄，否则易形成未焊透、夹渣及接头凹陷，焊接时焊条在打磨处引燃电弧,迅速压低电弧焊接,待焊条焊至熔孔处时,有意识将电弧微微下压,听到电弧击穿声音后进行正常焊接。

焊至相当于"时钟6点"位置最后接头时,焊条前端对准熔孔,用力向上顶,当听到"噗、噗"的响声后,继续焊 10~20 mm 后再熄弧。

(5)左半周焊接与右半周焊接方法相同。

(6)焊后清理。根焊缝焊完后,应彻底除去焊道凸起及焊道死角,形成焊道与坡口面的圆滑过渡,清理时不能伤及原坡口边缘。

总之,根焊道焊接时要得到内部质量好、背面成型均匀的焊缝、必须要求焊工掌握焊接电流、焊条角度、运条方法的合理搭配,在焊接过程中,通过手法变换控制焊缝正面熔孔形状尺寸及背面成型。

2. 填充焊

(1)在相当于"12点~3点"位置焊接。直线运条,焊条作轻微的两边摆动,注意坡口两侧熔化好,焊条与焊接方向角度为 80°~90°。

(2)在相当于"3点~5点"位置焊接。焊条向两边作轻微快速摆动,摆动幅度以观察到熔池与坡口边缘熔合良好为宜,摆动频率若过低,则导致熔渣容易粘焊条。焊条与焊接方向角度为 70°~80°,焊条角度过小或过大均易造成电弧吹力不足,或造成熔池熔渣超前。

(3)在相当于"5点~6点"位置焊接。焊条向两边作轻微摆动,电弧保持越短越好,焊条与焊接方向成 90°~100°角,焊条角度过小则造成填充层焊道过高,过大则电弧吹力不够,熔化不好。

(4)接头处理。接头处焊前必须打磨,焊条在接头处引燃电弧后必须压住电弧作稳弧动作,待接头填满后即可正常焊接。

(5)左半周焊接。同右半周焊接方法相同。

(6)焊后清理。填充层焊后必须进行清理,清理工作同根焊一样,最后一层焊接时应注意管件坡口外边不要破坏,低于母材表面约 1 mm。

3. 盖面焊

(1)在相当于"12点~3点"位置焊接。可适当抬高电弧,焊条作轻微摆动,摆宽以控制熔池熔化坡口两侧每边 1 mm~1.5 mm 为宜,并注意坡口两侧熔合好,避免产生咬边,焊条与焊接方向角度为 80°~90°。

(2)在相当于"3点~5点"位置焊接。短弧焊接,焊条作快速摆动,摆宽要求同上,摆动频率若慢,熔池熔渣易超前造成夹渣,粘焊条及表面凹陷,焊条与焊接方向角度为 70°~80°。

(3)在相当于"5点~6点"位置焊接。焊条作快速摆动,压低电弧,摆宽同上,当焊至近相当于时钟"6点"位置时,焊条端部指向前方,使部分熔滴以小颗粒状滴落,细小的熔滴过渡到熔池中去,从而起到降低余高的作用,焊条角度与焊接方向为90°~100°。

(4)接头处理。焊接过程中的接头方法同填充层一样。

第九节　管－管45°倾斜固定焊接

一、焊前准备

1.试件材料及要求

(1)试件材料、规格:16MnR;ø 60 mm×5 mm;

(2)焊接材料:E5015,ø 2.5 mm,按规定温度烘干;

(3)焊接电源:选用ZX系列焊机,直流反接;

(4)试件清理:坡口两侧内、外表面20 mm范围内清除油、污、锈等杂质,呈金属光泽;

(5)坡口形式及试件装配:V形坡口,坡口角度32°±2;钝边1 mm~2 mm,间隙2.8 mm~3.2 mm,如图4－37所示;

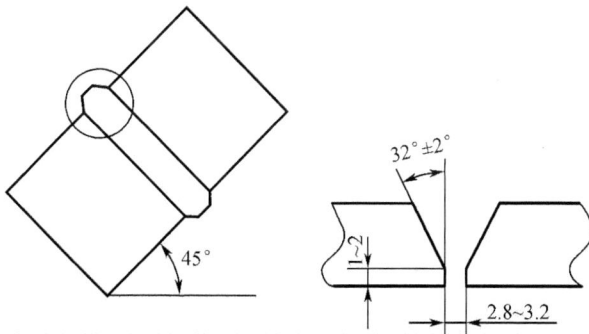

图4－37　坡口及定位焊缝位置示意图

(6)试件定位焊:所用焊接材料与焊接试件时相同。定位一点,焊点长15 mm,要求不能有焊接缺陷,两端修成缓坡状。

2. 焊接工艺参数

焊接工艺参数,见表 4 - 9。

表 4 - 9　管 - 管 45°倾斜固定焊接工艺参数

焊层	焊接电流/A	焊层厚度/mm
打底焊	85 ~ 105	3 ~ 3.6
盖面焊	75 ~ 100	3.5 ~ 4.5

三、基本操作方法

管子 45°倾斜固定焊接位置,介于水平固定与垂直固定之间,它们的焊接方法有相似之处,也有不同之处。焊接时也分成两个半圈进行,每个半圈都分为斜仰、斜立、斜平三种位置,从相当于时钟"6 点"位置起弧,至相当于时钟"12 点"位置收弧。

(一)打底层焊接方法

采取断弧逐点焊接方法焊接,焊条角度变化,如图 4 - 38 所示。焊条在相当于时钟"6 点"位置引燃,拉过中心 10 mm 处,焊条前端对准坡口间隙,在两钝边间作小的横向摆动。当钝边和焊条熔滴熔化连在一起时,焊条送到坡口底边,产生第一个熔孔,形成熔池后即灭弧。第一个熔池变成暗红色时,焊条在坡口上侧引燃电弧,横拉至熔孔,稍作停留,击穿钝边,产生新的熔孔。形成熔池后,焊条斜拉到下坡口根部,稍作停留,击穿钝边,形成整体熔池后焊条向斜前方,迅速灭掉电弧,如此反复焊接,即形成了打底焊道。

焊接过程中应注意,在仰焊位焊条顶送深些,必须将铁水送到坡口根部,立焊、平焊位、焊条向熔池顶送浅些,焊条从上坡口向下坡口斜拉过渡时,一定要使熔池略呈水平状态。每次引弧时,焊条中心要对准熔池 2/3 左右,使新熔池覆盖前一个熔池 1/3 左右,收弧时,焊条向熔池中少量填充 2 ~ 3 滴铁水,熔池缩小后再灭掉电弧。

接头时,焊条在弧坑前 10 mm(打底焊道)上引燃电弧,拉至上坡口熔孔,停留时间长一些,击穿钝边形成新的熔孔,产生熔池后斜拉至下坡口熔孔,稍加停留,击穿钝边形成的熔孔,形成整体熔池后,灭掉电弧,开始正常焊接,如图 4 - 39 所示。

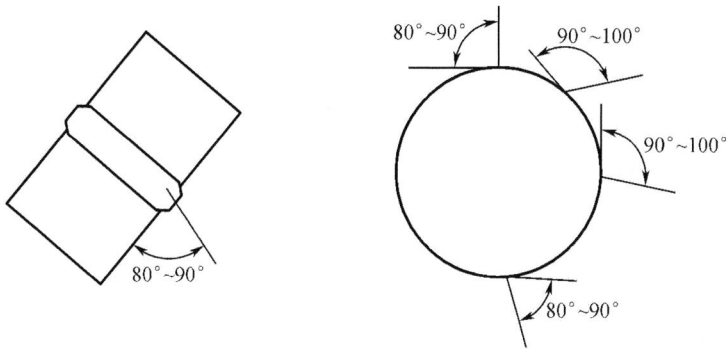

图 4 - 38 焊条角度示意图

在相当于时钟"12 点"位置接头时,焊
条焊至定位焊缝坡口底部时,焊条微微下压
并稍作停留,使电弧穿透背面。待焊接熔池
与定位焊缝熔合在一起时,给足铁水,连弧
向前,焊过中心 10 mm 处,再熄灭电弧。

左半圈焊接方法同右半圈相同,打底层
焊完以后,要认真清渣,并把局部凸出铲平,
进入表面层焊接。

1. 断弧焊接

打底焊道在相当于时钟"6 点"位置引
燃电弧,移至过中心 10 mm。在下坡口边缘

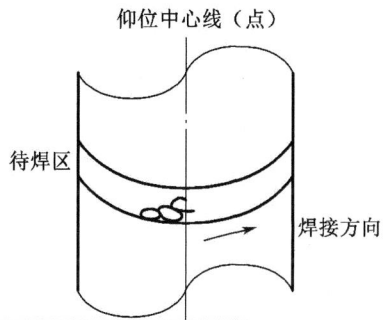

图 4 - 39 开始部位示意图

压低电弧,稍加停顿,待焊条铁水与下坡口边缘熔合在一起,产生熔池后,焊条作小
的斜锯齿形摆动,逐渐扩大熔池。达到焊缝宽度以后,焊条在上坡口边缘稍加停
顿,焊条铁水与上坡口熔化形成整体熔池后,焊条采取月牙形运条方法,斜拉至下
坡口边缘,稍加停顿,焊条铁水与下坡口熔化在一起时,迅速灭掉电弧。当熔池变
成暗红色时,焊条立即在上坡口熔池处引燃,重复刚才焊接过程,斜拉至下坡口灭
弧,依次循环,每个新熔池覆盖前一个熔池 2/3,形成焊缝,焊接过程中,焊条摆动
到坡口两侧时,要稍作停留,并熔化坡口边缘 1 mm ~ 2 mm,防止咬边。焊条斜拉运
条时,要使熔池铁水处于水平状态,控制焊缝成型。

2. 连弧焊接

焊条在相当于时钟"6 点"位置引燃电弧后,压低电弧,拉至过中心 10 mm 处,
在下侧坡口边缘稍作停顿,焊条熔滴与下坡口边缘熔化。产生熔池后,焊条采取斜

锯齿形运条方法,把熔池一点点扩大,并保证下坡口边缘熔化,达到焊缝宽度后,焊条在两侧坡口边缘,停留时间长一些,并熔化坡口 1 mm ~2 mm。焊条摆动运条时,要控制熔池,使熔池的上下轮廓线基本处于水平位置。

3. 收弧方法

焊条焊完或调整位置收弧时,焊条斜拉至下坡口,待下坡口边缘熔化后,焊条向熔池中少量填充 2 ~3 滴铁水,留出一个待焊三角区,熔池缩小后,迅速灭掉电弧。

4. 接头方法

仰焊、立焊位置接头时,焊条引燃后,压低电弧移动到上坡口三角区尖端,稍加停顿,上坡口边熔化形成熔池后,焊条直接从三角区尖端斜拉至坡口下部边缘,下部边缘熔化形成熔池后,进行正常焊接。

在相当于时钟"12 点"位置接头时,焊条焊至三角区时,待下侧坡口边与三角区尖端熔化,形成整体熔池后,逐渐缩小熔池,填满三角区后再收弧。

第十节　管 – 管水平固定加障碍焊接

一、焊前准备

(1)试件材料、规格:16MnR;ø 60 mm ×5 mm。

(2)焊接材料:E5015,ø 2.5 mm,按规定温度烘干。

(3)焊接电源:选用 ZX 系列焊机,直接反接。

(4)试件清理:坡口两侧内、外表面 20 mm 范围内,油、污、锈等杂质清理干净,呈金属光泽。

(5)坡口形式及试件装配:V 形坡口,坡口面角度 32° ±2°;钝边 1.5 mm ~2 mm,间隙 2.8 mm ~3.2 mm,如图 4 –40 所示。

(6)试件定位:焊缝所用焊接材料与焊接试件时相同,定位一点,焊点长 15 mm,要求焊缝两端修成缓坡状,不得有焊接缺陷。

(7)障碍设置及试件固定:将试件水平固定在焊接架上,外壁距两边障碍物距离为 30 mm,定位焊缝放在截面上相当于时钟"12 点"位置,如图 4 –41 所示。

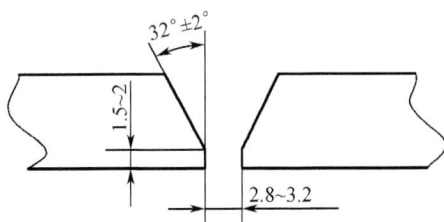

图 4 - 40　坡口尺寸及装配简图

二、焊接工艺参数

管 - 管水平固定加障碍焊接工艺参数,见表 4 - 10。

表 4 - 10　障碍焊焊接工艺参数

焊层	焊接电流/A	焊层厚度/mm
打底焊	85 ~ 105	3 ~ 3.5
盖面焊	75 ~ 100	2.5 ~ 3.5

三、基本操作方法

将焊缝分为 2 半周进行焊接。用时钟钟点位置来表示焊接位置。先焊相应于时钟"6 点 ~ 3 点 ~ 12 点"位置,后焊相应于时钟"6 点 ~ 9 点 ~ 12 点"位置。

1. 打底层焊接方法

打底层焊接选取断弧逐点焊接方法,焊条角度变化,如图 4 - 42 所示。

焊条在相当于时钟"6 点"位置引燃电弧,移至过中心 10 ~ 15 mm 处,焊条前端对准坡口间隙内,在两钝边间作微小横向摆动。当钝边熔化与焊条熔滴连在一起时,焊条上送,使焊条端部到达坡口底边,产生第一个熔孔,形成焊缝熔池,焊条回到熔池中间,立刻灭掉电弧。当第一个熔池变成暗红色时,焊条立刻在熔池中间引燃电弧,焊条上送,使焊条端部到达坡口熔孔处,横向摆动,待两侧钝边击穿形成熔池,与焊条熔滴熔合在一起时,焊条再回到熔池中间灭掉电弧,重新引弧位置要准确,重新引弧时,焊条要对准熔池中间,新熔池要覆盖前一个熔池的 1/3 左右。

随着焊接向上进行,焊条角度变大,焊条送入深度慢慢变浅。焊接过程中,熔池的形状大小要基本保持一致,熔池铁水清晰明亮,熔孔始终深入每侧坡口 1 ~

— 83 —

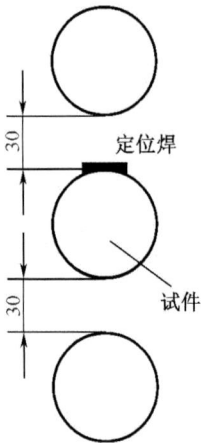

图 4-41 障碍管设置及定位图

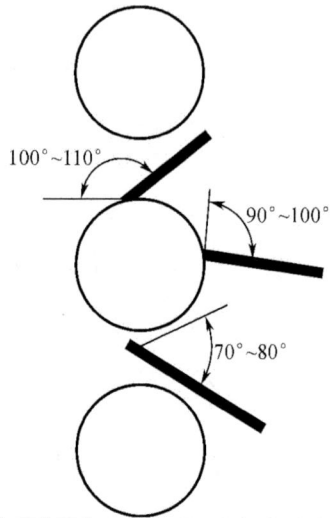

图 4-42 焊条角度示意图

1.5 mm左右。收弧时,焊条先在熔池前方做一个熔孔,然后回到熔池,少量填充1~2滴铁水再熄弧。

接头时焊条在弧坑后面10 mm处引燃,压低电弧,运条到弧坑根部时,向弧坑根部顶一下,稍停顿击穿钝边产生熔孔,形成熔池后即可恢复正常手法焊接。焊至相当于时钟"12点"位置时,运条至定位焊根部,应将焊条向下压一下,待焊接熔池与定位焊根部熔合在一起,原地停一下,给足铁水填满弧坑,即可熄灭电弧,左半圈焊接方法与右半圈相同。打底层焊完以后,要认真清除打底层熔渣,修整局部上凸接头。

2. 表面层焊接

表面焊接可选用断弧或连弧焊接两种方法。焊接时焊条角度与打底层焊相同。

(1)断弧焊接

焊条与焊件相对位置与打底层焊相同,焊条在相当于时钟"6点"位置打底焊道上引燃电弧,移至过中心10 mm~15 mm处,原地横向摆动,当打底层焊道与焊条熔滴形成熔池后,即可灭掉电弧。当熔池变成暗红色时,焊条马上在熔池中间部位引燃电弧,采取月牙形运条方法向两侧摆动,焊条摆动到两侧时,要稍加停留,并熔化坡口边缘各约1 mm,避免咬边。当两侧熔化好时,焊条回到熔池中间位置灭弧,如此反复焊接,形成表面焊缝。

除此之外,焊接时应注意焊缝开始时,焊条不要一下就摆动到坡口边缘,而是依次建立三个熔池,一个熔池比一个熔池扩大,从而使开始处小而薄,呈马蹄状,收尾时,焊条摆动逐渐变小,使弧坑呈斜坡状,便于接头。

（2）连弧焊接方法

焊条与试件相对位置同打底层焊相同,引燃电弧后,拉至过中心 10 mm ~ 15 mm处,在打底层焊道中间不动。待焊条熔滴与打底层焊道熔化形成熔池后,焊条按锯齿形运条法,一点点扩大熔池,以保证开始薄而窄。达到焊缝宽度以后,焊条在坡口两侧停留时间长一些,并熔化坡口边 0.5 mm ~ 1.0 mm,以防止咬边。焊条摆动速度要均匀一致,焊道中间快一些,以使焊缝表面平整,收弧时摆动宽度一点点减小,收尾处呈斜坡状,便于接头。

（3）接头方法

接头时尽量采用热接法,迅速更换焊条,在弧坑上方 10 mm 处引燃电弧。然后把焊条拉至弧坑中间,沿弧坑形状压住弧坑 2/3,产生熔池后,焊条左右摆动,做稳弧动作,将弧坑填满后即可正常焊接。

焊至相当于时钟"12 点"位置接头时,焊接熔池与收弧处斜坡底部熔合在一起时,焊条给的铁水要逐渐少,横向摆幅要逐渐减小,使熔池形状逐渐变小,防止焊道变宽。焊到斜坡顶端,继续向熔池中间填充 1 ~ 2 滴铁水,迅速熄灭电弧。

第十一节　管－板焊接

一、插入式管板水平位置焊接

（一）焊前准备

1. 试件尺寸及要求

（1）试件材料:20 g。

（2）试件尺寸:如图 4 - 43 和图 4 - 44 所示。

（3）焊接位置:垂直固定和水平固定。

（4）焊接要求:单面施焊成型,根部焊透。

（5）焊接材料:E5015。

2. 准备工作

选用 ZXS - 400 型弧焊整流器,采用直流反接,基本要求与"对接立焊"的相关要求相同。

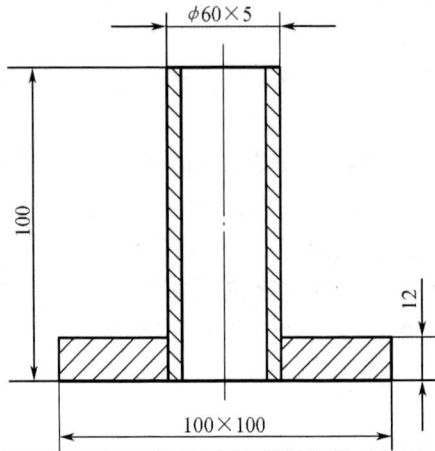

图 4 – 43　垂直试件尺寸示意图

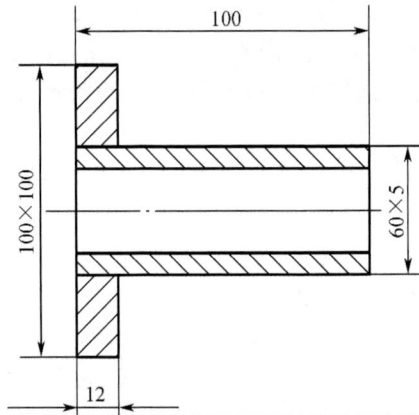

图 4 – 44　水平试件尺寸示意图

3. 试件装配

一点定位。采用与焊接试件相同型号的焊条进行定位焊。焊点长度为 10 mm ~ 15 mm, 焊脚不可过高、成型平整、无缺陷。

（二）焊接工艺参数

管板插入式焊接垂直固定位置焊接工艺参数，见表 4 – 11。

表 4 – 11　管板插入式焊接垂直固定位置焊接工艺参数

焊接层次	焊条直径/mm	焊接电流/A
打底焊	2.5	75 ~ 85
盖面焊	3.2	110 ~ 120

管板插入式焊接水平固定位置焊接工艺参数，见表 4 – 12。

表 4 – 12　管板插入式焊接水平固定位置焊接工艺参数

焊接层次	焊条直径/mm	焊接电流/A
打底焊	2.5	80 ~ 85
盖面焊	3.2	100 ~ 110

（三）基本操作要点

1. 垂直固定位置焊接

由于管道与孔板厚度的差异，导致焊接温度场不均，使管与板熔化情况有异，应妥善掌握、控制运条。采用连弧焊接。

（1）打底焊

在定位焊点相对称的位置起焊，并在管道与板连接处的孔板上引弧，进行预热。当孔板和管形成熔池相连接后，采用小锯齿形或直线形运条方式进行正常焊接，焊条角度如图 4 – 45 所示。

焊接过程中焊条角度要求基本保持不变，运条速度要均匀平稳，保持熔池形状大小基本一致。焊缝根部要焊透。

每根焊条即将焊完前，向焊接相反方向回焊约 10 mm，形成小斜坡，以利于在换焊条后接头。换焊条动作要迅速，接头应尽量采用热接法。

焊缝的最后接头，应先将焊缝始端修成斜坡状，焊至与始焊缝重叠约 10 mm 处，填满弧坑即可灭弧。

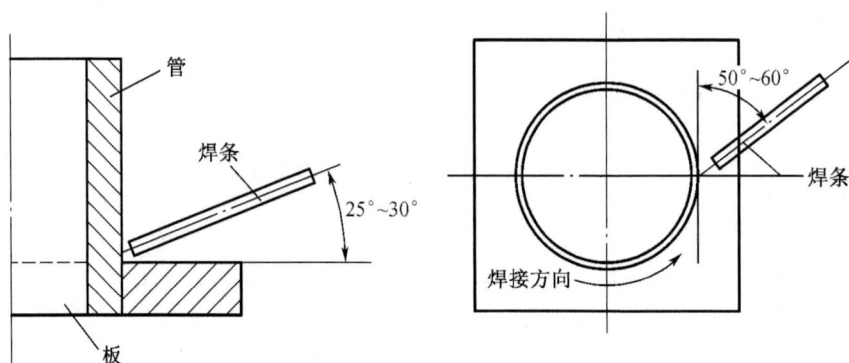

图 4 – 45　焊条角度示意图

（2）盖面焊

盖面层必须使管道不咬边且焊脚对称。盖面层采用两道焊，后道覆盖前一道焊缝 1/3 ~ 2/3，应避免在两道间形成沟槽及焊缝上凸，盖面层焊条角度如图 4 – 46 所示。

2. 水平固定位置焊接

这是插入式管板较难焊的位置，需要同时掌握 T 形接头平焊、立焊、仰焊的操作技能，并根据管道曲线调整焊条角度，焊接时分两个半圈进行施焊。本实例因管壁较薄，焊脚高度不大，故可采用两层两道焊接（一层打底和一层盖面）。

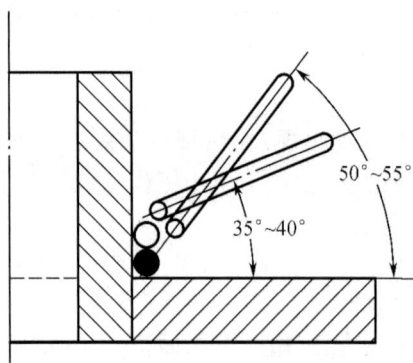

图 4 – 46　盖面层焊条角度示意图

（1）打底焊

将管板试件固定于焊接固定架上，保证管子轴线处于水平位置，并使定位焊缝不处在相当于时钟"6点"的位置（即仰焊位置）。采用连弧焊接，在相当于时钟"6点"处引弧，沿逆时针方向焊至相当于"时钟3点"处灭弧。采用直线运条方法施焊，保证根部焊透，迅速改变焊工体位，从相当于时钟"3点"位置的上端10 mm处引弧，将电弧拉至相当于时钟"3点"处接头，仍按逆时针方向由相当于时钟"3点"的位置焊至相当于时钟"12点"的位置。将相当于时钟"12点"处的焊缝打磨成斜坡状。

从相当于时钟"6点"处引弧，沿顺时针方向焊至相当于时钟"12点"处接头，注意接头应平整，并填满弧坑。

（2）盖面层

焊接次序与打底焊相同。焊条作横向摆动（锯齿形或月牙形均可），熔池两侧稍作停顿，以保证焊缝两侧熔化良好，不要产生咬边，焊接速度均匀，保持熔池大小基本一致，焊脚要对称。

（3）注意事项

应根据管子的曲率变化，焊工要不断改变体位和焊条角度，焊法和焊条角度，如图4-47所示。

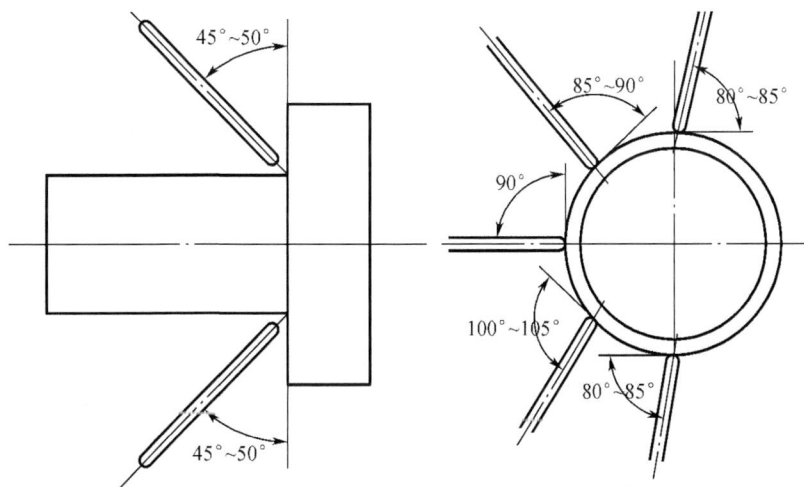

图4-47　焊法和焊条角度示意图

二、骑座式管板仰焊位焊接

(一)焊前准备

(1)试件规格:板 100 mm×100 mm×12 mm;管道 ø 60 mm×5 mm×60 mm。

(2)焊接材料:焊条 E5015,直径 ø 2.5 mm,按规定要求烘干。

(3)试件加工尺寸:板用氧——乙炔切割或剪板机剪制成方块,中间用 Φ50 mm的钻头打孔。管的坡口角度为 55°±2°,钝边 1.5 mm~2 mm。

(4)试件的清理:试件点焊前将焊口附近 15 mm 内清除油、污、锈等杂质,呈金属光泽。

(5)装配与定位焊:装配试件时,应保证板、管内径对齐,不错边。采取直接定位焊方法,即用正式的焊接材料定位焊,定位焊的间距长 15 mm~20 mm,定位焊后,试件间隙应保证 3 mm~3.5 mm,定位焊缝两侧修成缓坡状。

(二)焊接工艺参数

管板仰焊管板仰焊焊接工艺参数,见表4-13。

表4-13 管板仰焊焊接工艺参数

焊层分布	焊接电流/A	焊缝厚度/mm
根层	90~110	2~2.5
填充层	80~100	2~2.5
盖面层	80~100	2~2.5

(三)基本操作要点

可将试件横截面分为四段,如图4-48所示。A 点为定位焊缝;C 点为起焊点,先焊 C-D-A,后焊 A-B-C,同时各层接头相互错开。

1.打底层焊接

采用断弧逐点焊接。焊条在坡口内板一侧引燃电弧,压低电弧,移至起焊点。焊条前端对准铁板一侧,顶住铁板不动,做稳弧动作,铁板边熔化形成熔孔后给足铁水,焊条在坡口内斜拉运条到管一侧,看到管子坡口钝边被击穿,产生熔孔形成整体熔池后,马上熄灭电弧,第一个焊缝熔池即形成。当焊缝熔池变成暗红色时,

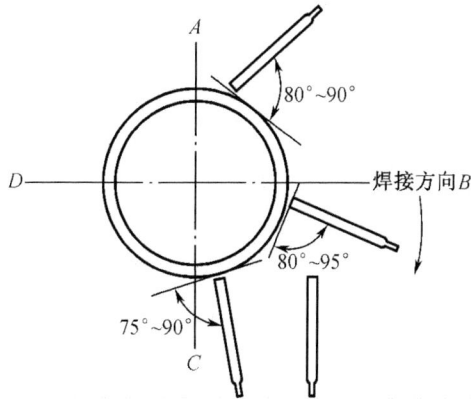

图 4 - 48　分段焊示意图

焊条马上在熔池铁板一侧引燃电弧,顶住熔池拉至铁板一侧,击穿铁板边缘产生新的熔孔,给足铁水,斜拉运条到管一侧,击穿管侧坡口钝边,形成整体熔池后即可灭弧,重复以上操作方法,用断弧方法焊接。

　　焊接时应注意焊条角度要随着试件焊接位置而变化,焊条始终与管件外壁成25°~30°夹角,与焊接方向保持在约80°。收弧时,应向熔池少量填充 2 ~ 3 滴铁水再收弧,使熔池逐渐缩小,温度逐渐降低,从而保证焊缝质量。

　　接头时采用搭接方法,焊条在收弧点前 10 mm 处引弧,压低电弧,焊至收弧处,顶住坡口内铁板一侧,稳弧时间要稍长一些,看到铁板边熔化形成熔孔后移到管一侧灭弧,开始正常焊接。

　　焊至 A 点位置收头时,当看到熔池与定位焊缝差 1 mm 左右时,由断弧焊接转为连弧焊接。听到焊透声后,给足铁水,填满熔池后方可灭弧。

　　2. 填充层焊接

　　填充层采用连弧焊接,焊条角度同打底层相同,焊条引燃电弧后,压低电弧拉至坡口内管一侧,形成焊接熔池后,斜拉至铁板一侧,铁板一侧熔化形成整体熔池后,焊条即按斜锯齿形运条方法连弧焊接。焊接过程中,焊条在两侧坡口停留时间长一些,尤其靠板一侧要多给些铁水,以保证焊缝呈三角形状。在管道一侧停留时,不要破坏管子外坡口边,且比母材低 1 mm 左右。

　　3. 盖面层焊接

　　盖面层焊接有两种焊接方法:一是单道焊;二是多道焊。单道焊优点是外观平整、成型好;缺点是对操作稳定性要求较高、焊缝表面易下垂。多道焊优点是运条动作小、熔池小、可有效防止产生未熔合、咬边等缺陷;缺点是层与层搭接影响外观。下面分别介绍。

(1)单道焊接方法

用断弧焊方法焊接,焊条角度始终保持与管子外壁夹角30°~40°与焊接方向80°左右夹角。

焊条引燃电弧后,压低电弧拉至管一侧坡口处做直拉动作,待管外坡口边熔化形成熔池时,立刻熄灭电弧。当熔池变成暗红色时,焊条立即在第一个熔池上方引燃电弧,形成熔池后斜拉至管一侧,管外坡口熔化形成熔池后,立刻灭弧。当第二个熔池变成暗红色时,焊条立即在铁板一侧引燃电弧,压低电弧做稳弧动作,形成熔池后电弧往后带一下,给足铁水移到管一侧坡口处,看到管外坡口边熔化形成熔池后即可灭弧,如图4-49所示。

焊接时应注意,焊条在两边坡口停留时间要一致,斜拉运条速度要均匀,要保证焊缝熔池形状一致。接头时,焊条引燃电弧后,拉至板一侧熔池,做稳弧动作,形成平整熔池后斜拉至管一侧灭弧,接头焊接完成。

焊至最后收头时,当焊接熔池与管另一侧起头焊缝熔化在一起时,焊条熄弧点逐渐上移,直至到板一侧。当板一

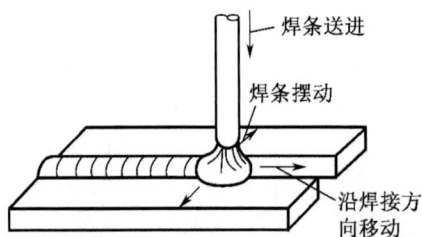

图4-49 起始焊道示意图

侧焊接熔池与板起焊处焊缝形成整体熔池后,稍加停留,给足铁水填满熔池,即可把电弧熄灭,焊接过程完成。

(2)多道焊接方法

将整个表面焊接分为二道完成。第一道焊接时,焊条与管外壁成45°~50°夹角,采取小斜锯齿形运条方法连弧焊接。第一道焊缝宽度占整个盖面层的1/3 焊接时应重点注意管子外坡口边熔化情况,确保熔化好且熔化一致,避免产生未熔合、咬边等缺陷。

第二道焊接时,焊条与管外壁夹角调整为20°~30°,采取直线往返型运条方法。焊接时,第二层焊缝压第一层焊缝1/3,电弧保持越低越好,运条前进速度要均匀。接头熄弧点应越过始焊点,并填满弧坑,以保证焊接接头高度达到焊缝高度的要求。

第五章 手工钨极氩弧焊基本操作

第一节 板－板水平位置焊接

一、焊前准备

1.试件尺寸及要求

(1)试件材料:Q235。

(2)试件及坡口尺寸:如图5-1所示。

(3)焊接位置:平焊。

(4)焊接要求:单面焊双面成型。

(5)焊接材料:焊丝为 H08Mn2SiA。电极为铈钨极,为使电弧稳定,将其尖角磨成如图5-2所示的形状。氩气纯度99.99%。

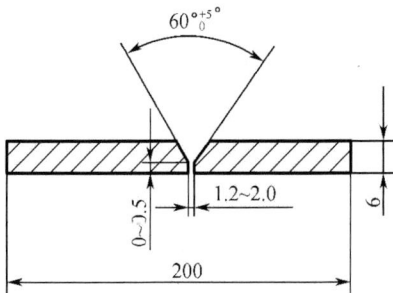

图5-1 试件及坡口尺寸示意图

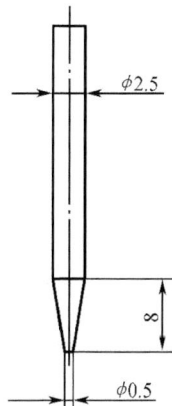

图5-2 钨极尺寸

2. 准备工作

①选用钨极氩弧焊机,采用直流正接。使用前应检查焊机各处的接线是否正确、牢固、可靠,按要求调试好焊接工艺参数。同时应检查氩弧焊水冷却系统或气冷却系统有无堵塞、泄露,如发现故障应及时解决。

②清理坡口及其正、反两面两侧 20 mm 范围内和焊丝表面的油污、锈蚀,直至露出金属光泽,然后用丙酮进行清洗。

③准备好工作服、焊工手套、护脚、面罩、钢丝刷、锉刀、角向磨光机和焊接检验尺等。

3. 试件装配

①装配间隙:装配间隙为 1.2 mm ~ 2.0 mm。

②定位焊:采用手工钨极氩弧焊,按表 5 - 1 中打底焊接工艺参数在试件正面坡口内两端进行定位焊,焊点长度为 10 mm ~ 15 mm,将焊点接头端预先打磨成斜坡。

③错边量:错边量 < 0.6 mm。

二、焊接工艺参数

薄板 V 形坡口平焊位置手工钨极氩弧焊焊接工艺参数,见表 5 - 1。

表 5 - 1　薄板 V 形坡口平焊位置手工钨极氩弧焊焊接工艺参数

焊接层次	焊接电流/A	电弧电压/V	氩气流量/(L/mm)	钨极直径/mm	焊丝直径/mm	钨极伸出长度/mm	喷嘴直径/mm	喷嘴至工件距离/mm
打底焊	80 ~ 100							
填充焊	90 ~ 100	10 ~ 14	8 ~ 10	2.5	2.5	4 ~ 6	8 ~ 10	≤12
盖面焊	100 ~ 110							

三、基本操作要点

由于钨极氩弧焊对熔池的保护及可见性好,熔池温度又容易控制,所以不易产

生焊接缺陷,适合于各种位置的焊接。对于本实例的焊接操作技能要求如下:

1.打底焊

手工钨极氩弧焊通常采用左向焊法(焊接过程中焊接热源从接头右端向左端移动,并指向待焊部分的操作法),故将试件装配间隙大端放在左侧。

(1)引弧

在试件右端定位焊缝上引弧,引弧时采用较长的电弧(弧长约为 4 mm ~ 7 mm),在坡口外预热4~5 s。

(2)焊接

引弧后预热引弧处,当定位焊缝左端形成熔池并出现熔孔后开始送丝,焊丝、焊枪与焊件角度如图5-3所示。焊接打底层时,采用较小的焊枪倾角和较小的焊接电流。由于焊接速度和送丝速度过快容易使焊缝下凹或烧穿,因此焊丝送入要均匀,焊枪移动要平稳、速度一致。焊接时,要密切注意焊接熔池的变化,随时调节有关工艺参数,保证背面焊缝成型良好。当熔池增大焊缝变宽并出现下凹时说明熔池温度过高,应减小焊枪与焊件夹角,加快焊接速度;当熔池减小时,说明熔池温度过低,应增加焊枪与焊件夹角,减慢焊接速度。

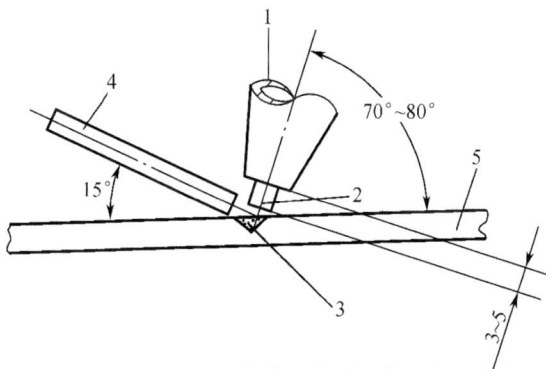

图5-3 焊丝、焊枪与焊件角度示意图

(3)接头

当更换焊丝或暂停焊接时,需要接头,这时松开焊枪按钮开关(使用接触引弧焊枪时,立即将电弧移至坡口边缘上快速灭弧),停止送丝,借焊机电流衰减熄弧,但焊枪仍需对准熔池进行保护,待其完全冷却后方能移开焊枪。若焊机无电流衰减功能,应在松开按钮开关后稍抬高焊枪,待电弧熄灭、熔池完全冷却后移开焊枪。进行接头前,应先检查接头熄弧处弧坑质量,如果无氧化物等缺陷,则可直接进行接头焊接。如果有缺陷,则必须将缺陷修磨掉,并打磨成斜面,然后在弧坑右侧

15 mm ~ 20 mm处引弧,缓慢向左移动,待弧坑处开始熔化形成熔池和熔孔后,继续填丝焊接。

(4)收弧

当焊至试件末端时,应减小焊枪与试件夹角,使热量集中在焊丝上,加大焊丝熔化量以填满弧坑,切断控制开关,焊接电流将逐渐减小,熔池也随着减小,将焊丝抽离电弧(但不离开氩气保护区)。停弧后,氩气延时约10 s关闭,从而防止熔池金属在高温下氧化。

2. 填充焊

见表5-1,填充层焊接工艺参数调节好设备,进行填充层焊接,其操作与打底层相同。焊接时焊枪可作圆弧"之"字形横向摆动,其幅度应稍大,并在坡口两侧停留,保证坡口两侧熔合好,焊道均匀。从试件右端开始焊接,注意熔池两侧熔合情况,保证焊缝表面平整且稍下凹。填充层的焊道焊完后应比焊件表面低1.0 mm ~ 1.5 mm,以免坡口边缘熔化导致盖面层产生咬边或焊偏现象,焊完后将焊道表面清理干净。

3. 盖面焊

按表5-1中盖面层焊接工艺参数调节好设备进行盖面层焊接,其操作与填充层基本相同,但要加大焊枪的摆动幅度,保证熔池两侧超过坡口边缘0.5 mm ~ 1 mm,并按焊缝余高决定填丝速度与焊接速度,尽可能保持焊接速度均匀,熄弧时必须填满弧坑。

4. 焊后清理检查

焊接结束之后,关闭焊机,用钢丝刷清理焊缝表面;用肉眼或低倍放大镜检查焊缝表面是否有气孔、裂纹、咬边等缺陷;用焊接检验尺测量焊缝外观成型尺寸。

第二节　小径管垂直固定钨极氩弧焊打底和焊条电弧焊填充、盖面焊

一、焊前准备

1. 试件尺寸及要求

(1)试件材料:20 g。

(2)试件尺寸及坡口:试件尺寸及坡口形状,如图5-4所示。

(3)焊接位置:垂直固定。

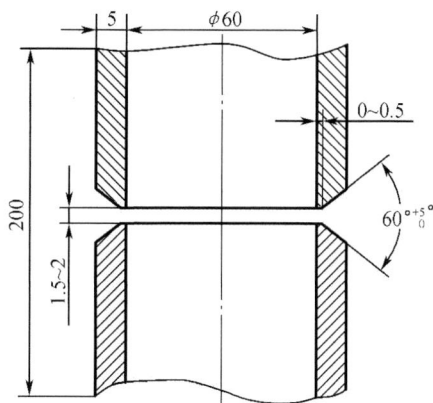

图 5 - 4 试件及坡口尺寸示意图

（4）焊接要求：单面焊双面成型。

（5）焊接材料：焊丝为 H08Mn2SiA；电极为铈钨极，填充、盖面电焊条为 E5015（J507），氩气纯度为 99.99%。

2. 准备工作

（1）选用 WS7 - 400 逆变式高频氩弧焊机或 ZX7 - 400ST 逆变式直流两用焊机，采用直流正接。使用前，应检查焊机各处的接线是否正确牢固、可靠，按要求调试好焊接参数。同时，应检查氩弧焊系统水、气冷却有无堵塞、如发现故障应及时解决；应检查焊条质量，不合格者不能使用，焊条应严格按照规定的温度和时间进行烘干，而后放在保温筒内，随用随取。

（2）清理坡口及其正、反两面两侧 20 mm 范围内和焊丝表面的油污、锈蚀，直至露出金属光泽，然后用丙酮进行清洗。

（3）准备好工作服、焊工手套、护脚、面罩、钢丝刷、锉刀、角向磨光机和焊接检验尺等。

3. 试件装配

（1）装配间隙：装配间隙为 1.5 mm ~ 2.0 mm。

（2）定位焊：采用手工钨极氩弧焊一点定位，并保证该处间隙为 2 mm，其他间隙为 1.5 mm。沿管道轴线垂直并固定，间隙小的一侧位于右边，定位焊长度为 10 mm ~ 15 mm，将焊点接头端预先打磨成斜坡，采用与焊接试件相同型号焊接材料进定位焊。

（3）错边量：错边量 < 0.5 mm。

二、焊接工艺参数

小径管垂直固定对接焊焊接工艺参数,见表 5 - 2。

表 5 - 2   小径管垂直固定对接焊焊接工艺参数

焊接 方法与 层次	焊接 电流 /A	电弧 电压 /V	氩气 流量 /(L/mm)	钨极 直径 /mm	焊丝/ 条直径 /mm	钨极伸 出长度 /mm	喷嘴直径 /mm	喷嘴至 工件距离 /mm
氩弧焊 打底	90 ~ 105	10 ~ 12	8 ~ 10	2.5	2.5	4 ~ 6	8 ~ 10	≤8
手工焊 盖面	75 ~ 85	22 ~ 28	—	—	2.5	—	—	—

三、基本操作要点

1. 打底焊

见表 5 -2,焊接工艺参数进行打底焊层的焊接。在右侧间隙最小处(1.5 mm)引弧,先不加焊丝,待坡口根部熔化形成熔滴后,将焊丝轻轻地向熔池里送一下,同时向管内摆动,将液态金属送到坡口根部,以保证背面焊缝的高度。填充焊丝的同时,焊枪小幅度作横向摆动并向左均匀移动。

在焊接过程中填充焊丝以往复运动方式间断地送入电弧内的熔池前方,在熔池前呈滴状加入,焊丝送进速度要均匀,不能时快时慢,这样才能保证焊缝成型美观。

当焊工要移动位置、暂停焊接时,应先收弧,焊工再进行焊接时,焊前应将收弧处修磨成斜坡并清理干净,在斜坡上引弧,移至离接头约 10 mm 处焊枪不动,当获得清晰的熔池后,即可添加焊丝、继续从右向左进行焊接。

小径管道垂直固定打底焊,熔池的热量要集中在坡口下部、以防止上部坡口过热,母材熔化过多,产生咬边或焊缝背面下坠。

2. 盖面焊

清除打底焊道表面的焊渣,修平焊缝表面和接头局部,按照表 5 - 2 焊接工艺参数进行焊接,焊接方法同本章第七节。

3. 焊后清理检查

焊接结束后,关闭焊机,用钢丝刷清理焊缝表面;用肉眼或低倍放大镜检查焊缝表面是否有气孔、裂纹、咬边等缺陷;用焊接检验尺测量焊缝外观成型尺寸。

第三节　大直径、中厚壁管道水平固定氩弧焊打底焊和焊条电弧焊填充、盖面焊

一、焊前准备

1. 试件尺寸及要求

(1)试件材料:20 g。

(2)试件尺寸、坡口形状、试件尺寸和形状,如图5-5所示。

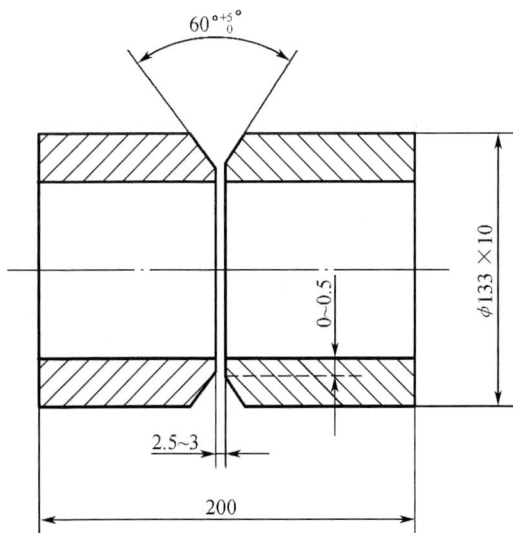

图5-5　试件及坡口尺寸示意图

(3)焊接位置:水平固定。

(4)焊接要求:单面焊双面成型。

(5)焊接材料:焊丝为 H08Mn2SiA;电极为铈钨极;填充、盖面电焊条为 E5015（J507）。

2.准备工作

(1)打底焊

选用 WS7－400 逆变式高频氩弧焊机,采用直流正接,选用空冷式焊枪;盖面焊时,选用 ZX7－400ST 逆变式直流两用焊机,采用直流反接(若使用该焊机打底,引弧应采用接触引弧)。使用前,应检查焊机各处的接线是否正确、牢固、可靠,按要求调试好焊接工艺参数,同时应检查氩弧焊冷却系统有无堵塞、泄露,如发现故障应及时解决,应检查焊条质量,不合格者不能使用,焊接前焊条应严格按照规定的温度和时间进行烘干,而后放在保温筒内随用随取。

(2)清理坡口及其正、反两面两侧 20 mm 范围内和焊丝表面的油污、锈蚀,直至露出金属光泽,然后用丙酮进行清洗。

(3)准备好工作服、焊工手套、护脚、面罩、钢丝刷、锉刀、角向磨光机和焊接检验尺等。

3.试件装配

(1)装配间隙:装配间隙为 2.5 mm ~3 mm。

(2)定位焊:采用手工钨极氩弧焊两点定位,定位焊长度为 10 mm ~15 mm。定位焊位置分别位于管道横截面上相当于时钟"2 点"和时钟"10 点"位置,如图 5－6 所示。焊点接头端预先打磨成斜坡,试件装配最小间隙应位于截面上时钟"6 点"位置,将试件固定于水平位置。

(3)错边量:错边量 <1.0 mm。

2.焊接工艺参数

大直径中厚度管水平固定对接焊焊接工艺参数,见表 5－3。

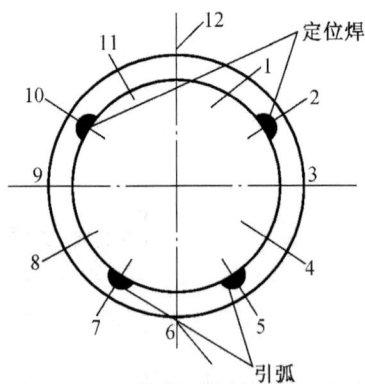

图 5－6　定位焊示意图

表 5 - 3　大直径中厚度管水平固定对接焊焊接工艺参数

焊接方法 与层次	焊接电 流/A	电弧电 压/V	氩气流量 /(L/mm)	钨极 直径 /mm	焊丝/ 焊条/ mm	钨极伸 出长度 /mm	喷嘴直 径/mm	喷嘴至 工件距 离/mm
氩弧焊 打底	105 - 120	10 - 13	8 - 10	2.5	2.5	4 - 6	8 - 10	≤10
焊条电弧 焊填充	90 - 105	22 - 28	—	—	3.2	—	—	—
焊条电弧 焊盖面	105 - 120	22 - 28	—	—	3.2	—	—	—

三、基本操作要点

焊缝分左右两个半圈进行,在仰焊位置起焊,平焊位置收弧,每个半圈都存在仰、立、平三个不同位置。

(一)钨极氩弧焊打底

1. 引弧

引弧在管道横截面上相当于时钟"5 点"位置(焊右半圈)和时钟"7 点"位置(焊左半圈),如图 5 - 6 所示。引弧时,钨极端部应离开坡口面约 1 mm ~ 2 mm,利用高频引弧装置引燃电弧;引弧后先不加焊丝,待根部钝边熔化形成熔池后,即可填丝焊接。为使背面成型良好,熔化金属应送至坡口根部,为防止始焊处产生裂纹,始焊速度应稍慢并多填焊丝,使焊缝加厚。在管道根部横截面上相当于时钟"5点"至时钟"7点"位置采用内填丝法,即焊丝处于坡口钝边内。在焊接横截面上相当于时钟"4点",至"时钟 12 点"或时钟"8 点",至时钟"12 点"位置时,则应采用外填丝法,如图 5 - 7 所示。若全部采用外填应丝法,则坡口间隙应适当减小,一般为 1.5 mm ~ 2.5 mm,在整个施焊过程中,应保持等速送丝,焊丝端部始终处于氩气保护区内。

2. 焊枪、焊丝与管的相对位置

钨极与管子轴线成 90°,焊丝沿管子切线方向,与钨极成约 10° ~ 110°,如图 5 - 8 所示。当焊至横截面上相当于时钟"10 点"至时钟"2 点"的斜平焊位置时,焊枪略后倾,此时焊丝与钨极成 10° ~ 12°。

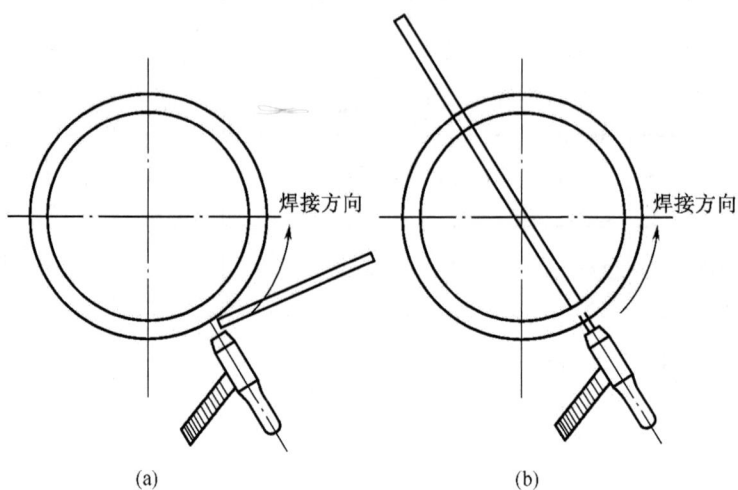

图 5 – 7　焊枪、焊丝与管的相对位置示意图

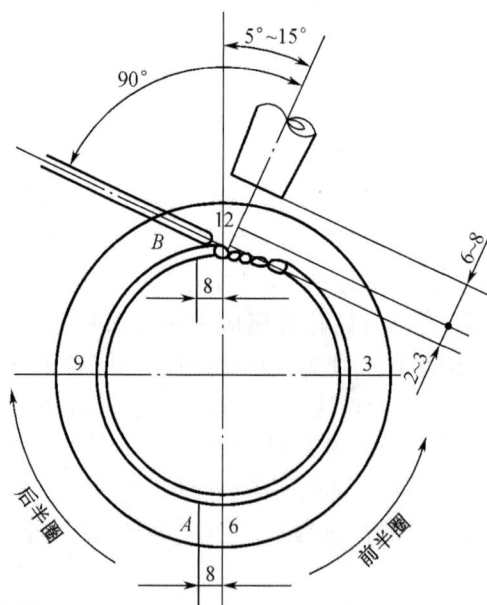

图 5 – 8　焊丝与焊枪角度示意图

3. 焊接

引燃电弧、控制电弧长度为 2 mm ~ 3 mm。此时,焊枪暂留在引弧处,待两侧钝边开始熔化时立刻送丝,使填充金属与钝边完全熔化形成明亮清晰的熔池后,焊枪匀速上移。伴随连续送丝,焊枪同时作小幅度锯齿形横向摆动,仰焊部位送丝时,应有意识把焊丝往根部"推",使管壁内部的熔池成型饱满,以避免根部凹坑。当焊至平焊位置时,焊枪略向后倾,焊接速度加快,以避免熔池温度过高而下坠,若熔池过大,可利用电流衰减功能,适当降低熔池温度,以避免仰焊位置出现凹坑或其他位置出现凸出。

4. 接头

若施焊过程中断或更换焊丝时,应先将收弧处打磨成斜坡状,在斜坡后约10 mm处重新引弧,电弧移至斜坡内时稍加焊丝,当焊至斜坡端部出现熔孔后,立即送丝并转入正常焊接。焊至定位焊缝斜坡处接头时,电弧稍作停留,暂缓送丝,待熔池与斜坡端部完全熔化后再送丝,同时,焊枪应作小幅度摆动,使接头部位充分熔合,形成平整的接头。

5. 收弧

收弧时,应向熔池送入 2 ~ 3 滴填充金属使熔池饱满,同时将熔池逐步过渡到坡口侧,然后切断控制电源,电流衰减熔池温度逐渐降低,熔池由大变小,形成椭圆形,电弧熄灭后,应延长对收弧处氩气保护,以避免氧化,出现弧坑裂纹及缩孔。

前半圈焊完后,应将仰焊起弧处焊缝端部修磨成斜坡状。后半圈施焊时,仰焊部位的接头方法与上述接头焊相同,其余部位焊接方法与前半圈相同,当焊至横截面上相当于时钟"12 点"位置收弧时,应与前半圈焊缝重叠 5 mm ~ 10 mm。

(二)焊条电弧焊填充盖面

见焊条电弧焊相关部分。

第六章 二氧化碳气体保护焊基本操作

第一节 薄板对接单面焊双面成型

一、二氧化碳气体保护焊焊枪基本操作

1. 焊枪的摆动

为了保证焊缝的宽度和两侧坡口的熔合，CO_2气体保护焊时要根据不同的接头类型及焊接位置作横向摆动。

为了减少输入线能量，减小热影响区，减少变形，通常不采用大的横向摆动来获得宽焊缝，推荐采用多层多道焊接方法来焊接厚板。当坡口小时，可采用锯齿形较小的横向摆动，而当坡口大时，可采用弯月形的横向摆动，如图 6 - 1、图 6 - 2 所示。

两侧停留0.5 s左右

图 6 - 1　锯齿形的横向摆动

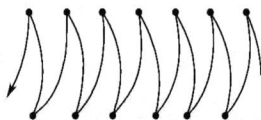

两侧停留0.5 s左右

图 6 - 2　月牙形的横向摆动

2. 引弧及收弧操作

（1）引弧

半自动 CO_2 气体保护焊引弧，常采用短路引弧法。

引弧前，首先将焊丝端头剪去，因为焊丝端头常常有很大的球形直径，容易产生飞溅，造成缺陷，经剪断的焊丝端头应为锐角。

引弧时，注意保持焊接姿势与正式焊接时一样。焊丝端头距工件表面的距离为 2 mm ~ 3 mm，然后，按下焊枪开关，随后自动送气、送电、送丝，直至焊丝与工件

表面相碰而短路起弧。此时,由于焊丝与工件接触而产生一个反弹力,焊工应紧握焊枪,勿使焊枪因冲击而回升,一定要保持喷嘴与工件表面的距离恒定。这是防止引弧时产生缺陷的关键,重要产品进行焊接时,为消除在引弧时产生飞溅、烧穿、气孔及未焊透等缺陷,可采用引弧板,如图6-3所示。

不采用引弧板而直接在焊件端部引弧时,可在焊缝始端前20 mm左右处引弧后,立即快速返回起始点,然后开始焊接,如图6-4所示。

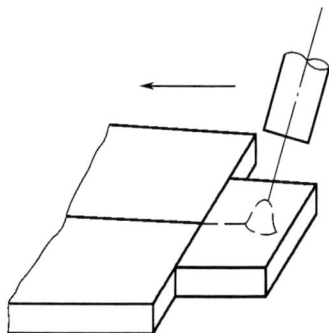

图6-3　使用引弧板示意图

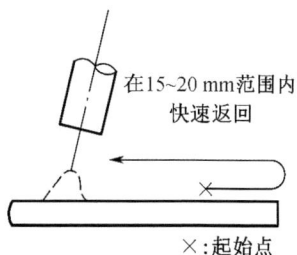

在15~20 mm范围内
快速返回

×:起始点

图6-4　倒退引弧法示意图

(2)收弧

焊接结束前必须收弧,若收弧不当则容易产生弧坑,并出现弧坑裂纹(火口裂纹)、气孔等缺陷。

对于重要产品,可采用收弧板,将火口引至试件之外,可以省去弧坑处理的操作。如果焊接电源有火口控制电路,则在焊接前将面板上的火口处理开关扳至"有火口处理"挡,在焊接结束收弧时,焊接电流和电弧电压会自动减少到适宜的数值,将火口填满。

如果焊接电源没有火口控制装置,通常采用多次断续引弧填充弧坑的办法,直到填平为止,如图6-5所示。操作时动作要快,若熔池已凝固再引弧,则容易产生气孔、未焊透等缺陷。

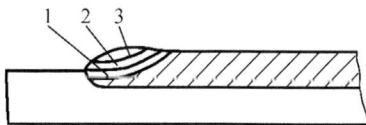

图6-5　断续引弧法填充弧坑示意图

收弧时,特别要注意克服手弧焊的习惯性动作,就是将焊把向上抬起,CO_2气体保护焊收弧时如将焊枪抬起,则将破坏弧坑处的保护效果。同时,即使在弧坑已填满,电弧已熄灭的情况下,也要让让焊枪在弧坑处停留几秒钟后方能移开,保证熔池凝固时得到可靠的保护。

3. 接头操作

在焊接过程中,焊缝接头是不可避免的,而焊接接头处的质量又是由操作手法所决定的,下面介绍两种接头处理方法。

(1)当无摆动焊接时

可在弧坑前方约20 mm 处引弧,然后快速将电弧引向弧坑,待熔化金属填满弧坑后,立即将电弧引向前方,进行正常操作,如图6-6a 所示。

(2)当采用摆动焊时

在弧坑前方约20 mm 处引弧,然后快速将电弧引向弧坑,到达弧坑中心后开始摆动并向前移动,同时,加大摆动转入正常焊接,如图6-6b 所示。

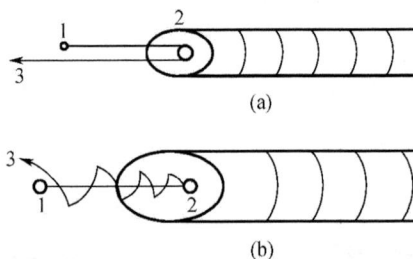

(a)

(b)

图6-6　焊接接头处理方法

接头时,接头处用磨光机打磨成斜面,如图6-7 所示,然后在斜面顶部引弧,引燃电弧后,将电弧斜拉至斜面底部,转一圈后返回引弧处再继续向左焊接,如图6-8 所示。

磨成斜面

图6-7　接头前的处理

引弧处

图6-8　接头出的引弧操作

4.左焊法操作要点

半自动 CO_2 气体保护焊通常都采用左焊法,左焊法主要特点如下:

(1)容易观察焊接方向,看清焊缝。

(2)电弧不直接作用于母材上,因而熔深较浅,焊道平而宽。

(3)抗风能力强,保护效果较好,特别适用于焊接速度较大时,右焊法的特点则刚好与此相反。

5.定位焊

CO_2 气体保护焊时热输入较手弧焊时更大,这就要求定位焊缝有足够的强度。同时,由于定位焊缝将保留在焊缝中,焊接过程中也很难重熔,因此要求焊工要与焊接正式焊缝一样来焊接定位焊缝,不能有缺陷。

对不同板厚定位焊缝的长度和间距要求如图 6 – 9、图 6 – 10 所示,焊工实际操作考核中试件的定位焊要求在后面的操作实例中介绍。

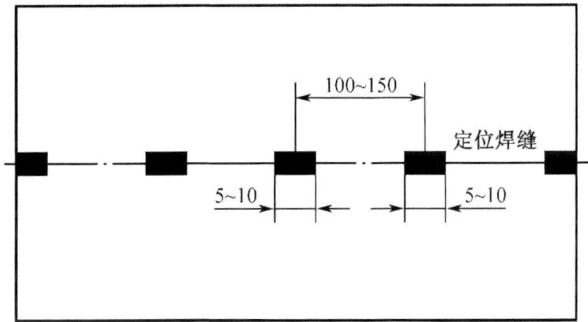

图 6 – 9　薄板的定位焊缝

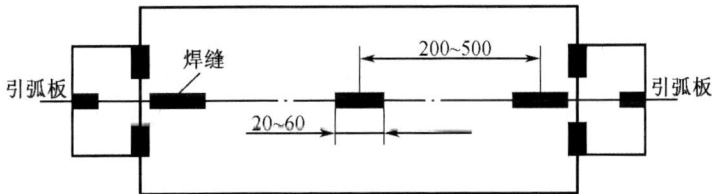

图 6 – 10　中厚板的定位焊缝

二、薄板对接单面焊双面成型操作

(一)焊前准备

1. 试件及坡口形式

(1)试件材质:Q235 或 20Cr;

(2)试件尺寸:300 mm×100 mm×2 mm;

(3)坡口形式:I 形。

2. 焊接材料

H08Mn2SiA,ϕ 0.8 mm。

3. 焊接设备

KR350。

4. 焊前清理

将坡口面和靠近坡口上、下两侧 15~20 mm 范围内的钢板上的油、锈、水分及其他污物打磨干净,直至露出金属光泽。为防止飞溅不好清理和堵塞喷嘴,可在焊件表面涂上一层飞溅防粘剂,在喷嘴上涂一层焊接喷嘴防堵剂。

5. 装配和定位焊

(1)组对间隙:组对间隙为 0~0.5 mm;

(2)预留反变形预留反变形为 0.5°~1°;

(3)装配和定位焊要求,如图 6-11 所示。

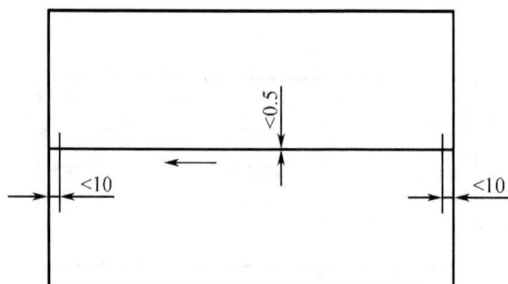

图 6-11 装配和定位焊示意图

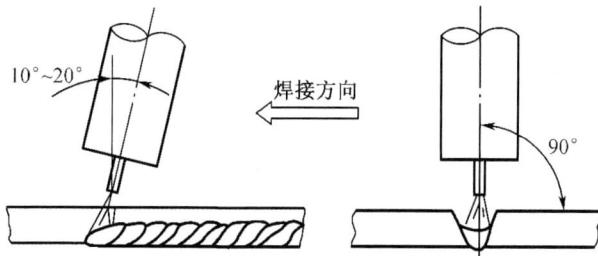

10°~20°　焊接方向　90°

图 6 - 12　焊枪角度

(二)平焊位操作

1.焊接工艺参数

薄板单面焊双面成型焊接工艺参数,见表 6 - 1。

表 6 - 1　薄板单面焊双面成型焊接工艺参数

焊接层道位置	焊丝直径 /mm	伸出长度 /mm	焊接电流 /A	焊接电压 /V	焊接速度 /(cm/min)	气体流量 /(L/min)
1 层 1 道	0.8	10 ~ 15	60 ~ 70	17 ~ 19	40 ~ 45	8 ~ 10

2.焊枪角度和指向位置

采用左焊法,单层单道,焊枪角度如图 6 - 12 所示。电弧指向未焊金属,有预热的作用,熔池在电弧力作用下,熔化金属被吹向前方,使电弧不能直接作用到母材上,熔池较浅,焊道平坦,飞溅较大,但保护效果好,且易于观察焊接方向。

3.试板位置

检查试板装配间隙及反变形符合要求后,将试板平放在水平位置,注意将间隙小的一端放在右侧。

4.焊接操作要点

(1)见表 6 - 1,调试好焊接工艺参数后,在试板的右端引弧,从右向左方向焊接。

(2)焊枪沿装配间隙前后摆动或小幅度横向摆动,摆动幅度不能太大,以免产生气孔,熔池停留时间不宜过长,否则容易烧穿。

(3)在焊接过程中,正常熔池呈椭圆形,如出现椭圆形熔池被拉长,即为烧穿前兆,这时应根据具体情况,改变焊枪操作方式以防止烧穿。例如,加大焊枪前后摆动或横向摆动幅度等。

(4)由于选择的焊接电流较小,电弧电压较低,采用短路过渡的方式进行焊接。焊接时特别注意保证焊接电流与电弧电压配合好,如果电弧电压太高,则熔滴短路过渡频率降低,电弧功率增大,容易引起烧穿,甚至熄弧;如果电弧电压太低,则可能在熔滴很小时就引起短路,产生严重的飞溅,影响焊接过程。当焊接电流与电弧电压配合好时,则焊接过程电弧稳定,可以观察到周期性的短路,听到均匀的、周期性的"啪、啪"声,熔池平稳,飞溅小,焊缝成型好。

(三)立焊位操作

1. 焊接工艺参数

薄板立焊焊接工艺参数,见表6-2。

表6-2　薄板立焊焊接工艺参数

焊道位置	焊丝直径/mm	伸出长度/mm	焊接电压/V	气体流量/(L/min)
1层1道	0.8	10～15	18～20	9～11

2. 焊枪角度和指向位置

采用单层单道、向下立焊的操作方法,即从上面开始向下焊接,焊枪角度,如图6-13所示。向下立焊的焊缝熔深较浅,成型美观,适用于薄板对接,T形接头及角接接头。

3. 试板位置

检查试板装配间隙及反变形符合要求后将试板垂直固定,注意将间隙小的一端放在上端。

4. 焊接操作要点

(1)见表6-2,调试好焊接工艺参数后,在试板的顶端引弧,注意观察熔池,待试板底部完全熔合后,开始向下焊接。

(2)焊接过程采用直线法,焊枪不作横向摆动。

(3)由于铁水受重力作用,为了不使熔池中的铁水流淌,焊接过程中电弧应始终对准熔池的前方,对熔池起到上托的作用,如图6-14(a)所示。如果掌握不好,铁水则会流到电弧的前方,发生铁水导前现象,如图6-14(b)所示。这时候要加速焊枪的移动,并使焊枪的角度减少,靠电弧吹力把铁水推上去,避免产生焊瘤及未焊透等缺陷。

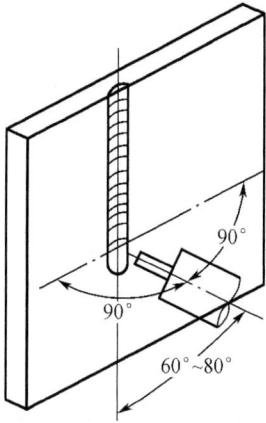

图 6－13　焊枪角度示意图

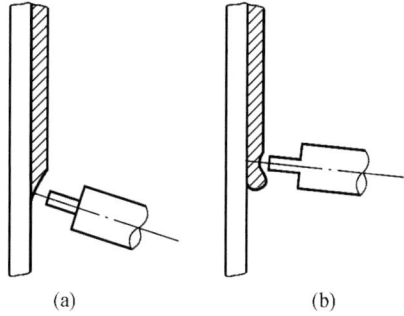

(a)　　　　　　　　　　(b)

图 6－14　立向下焊焊枪与熔池关系示意图

（4）立向下焊采用短路过渡的方式进行焊接,焊接电流较小,电弧电压较低,焊接速度较快。为了保证正反两面的焊缝成型,焊接时要使焊接电流与电弧电压配合良好,并注意观察熔池,随时调整焊接姿态。

（四）横焊位操作

1. 焊接工艺参数

薄板横焊焊接工艺参数,见表 6－3。

表 6－3　薄板横焊焊接工艺参数

焊道位置	焊丝直径/mm	伸出长度/mm	焊接电流/A	焊接电压/V	气体流量/(L/min)
1 层 1 道	0.8	10～15	60～70	18～20	9～10

2. 焊枪角度和指向位置

焊接采用左焊法,单层单道,焊枪角度如图 6－15 所示。

3. 试板位置

检查试板装配间隙及反变形符合要求后,将试板垂直固定,间隙处于水平位置,注意将间隙小的一端放在右侧。

4. 焊接操作要点

（1）调试好焊接工艺参数后,在试板的右端引弧,注意观察熔池,待试板底部完全熔合后,开始向左焊接。

（2）焊接过程采用直线法或小幅摆动法，注意焊接时摆动幅度一定要小，过大的摆幅会造成铁水下淌。焊枪的摆动图形可参，如图6-16所示，焊接速度要稍快，避免引起烧穿。

（3）采用短路过渡的方式进行焊接，电流小、电压低，注意焊接电流与电弧电压的配合，焊接速度较快，注意观察熔池，随时调整焊接姿态。

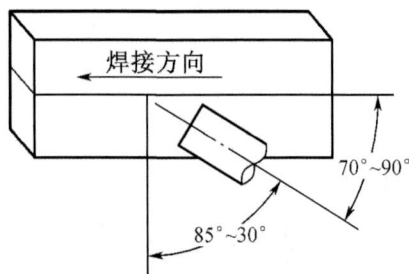

图6-15　焊枪角度示意图

图6-16　焊枪的摆动图形示意图

（五）仰焊位操作

1.焊接工艺参数
薄板仰焊焊接工艺参数，见表6-4。

表6-4　薄板仰焊焊接工艺参数

焊道位置	焊丝直径 /mm	伸出长度 /mm	焊接电流 /A	焊接电压 /V	气体流量 /(L/min)
1层1道	0.8	10~15	60~70	18~19	15

2.焊枪角度和指向位置
采用右焊法，单层单道，焊枪角度如图6-17所示。

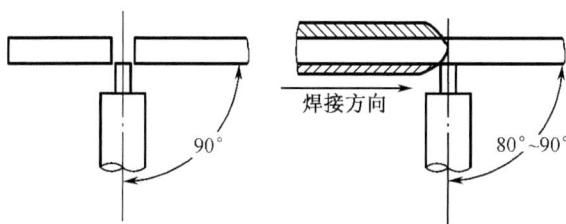

图 6 – 17 焊枪角度示意图

3.试板位置

检查试板装配间隙及反变形符合要求后,将试板水平固定,坡口朝下,注意将间隙小的一端放在左侧,试板高度要保证焊工处于蹲位或站位焊接时,有充足的空间,操作不感到别扭。

4.焊接操作要点

(1)调试好焊接工艺参数后,在试板的左端引弧,注意观察熔池,待试板底部完全熔合后,开始向右焊接。

(2)焊接过程采用直线法或小幅摆动法,摆动焊时,焊枪在中间位置稍快,两端稍停。

(3)焊枪角度和焊接速度的调整是保证焊接质量的关键。焊接时焊枪角度过大,会造成凸形焊道及咬边,焊接速度过慢,则会导致焊道表面凹凸不平。在焊接过程中,要根据熔池的具体情况,及时调整焊接速度和摆动方式,才能有效地避免咬边、熔合不良、焊道下垂等缺陷的产生。

第二节 T 形接头焊接

一、焊前准备

1.试件及坡口形式

(1)试件材质:Q235 或 20Cr。

(2)试件尺寸:200 mm×100 mm×6 mm。

(3)坡口形式:T 形。

2.焊接材料

H08Mn2SiA,ø1.2 mm。

3. 焊接设备

KR350。

4. 焊前清理

将坡口和靠近坡口上、下两侧 15 ~ 20 mm 内的钢板上的油、锈、水分及其他污物打磨干净,直至露出金属光泽,为防止飞溅不好清理和堵塞喷嘴,可在焊件表面涂上一层飞溅防粘剂,在喷嘴上涂一层喷嘴防堵剂。

5. 装配和定位焊

(1)组对间隙组对间隙为 0 mm ~ 2 mm。

(2)定位焊缝长 10 mm ~ 15 mm,焊脚尺寸为 6 mm,试件两端各一处,如图 6 - 18 所示。

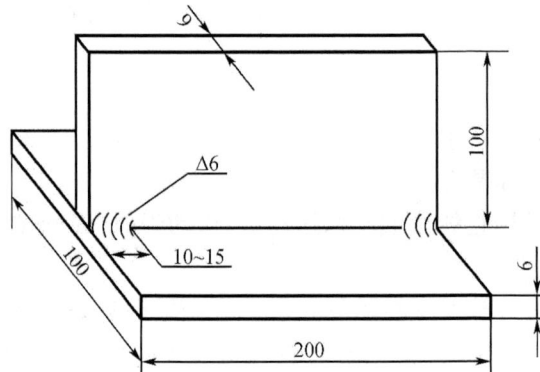

图 6 - 18　定位焊缝示意图

二、水平角焊基本操作

1. 试板位置

检查试板装配符合要求后,将试板平放在水平位置。

2. 焊接工艺参数

水平角焊焊接工艺参数,见表 6 - 5。

表 6 – 5　水平角焊焊接工艺参数

焊道位置	焊丝直径 /mm	伸出长度 /mm	焊接电流 /A	焊接电压 /V	气体流量 /(L/min)	焊接速度 /(cm/min)
1层1道	1.2	13 ~ 18	220 ~ 250	25 ~ 27	15 ~ 20	35 ~ 45

3.焊接操作要点

(1)焊枪角度和指向位置:采用左焊法,一层一道,焊枪角度如图 6 – 19 所示。

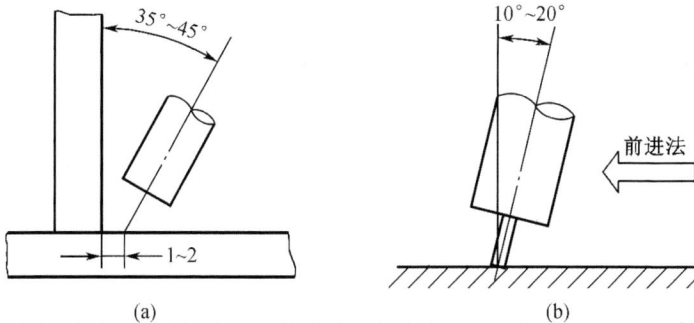

图 6 – 19　焊枪角度示意图

(2)调试好焊接工艺参数后,在试板的右端引弧,从右向左焊接。

(3)焊枪指向距根部 1 mm ~ 2 mm 处。由于采用较大的焊接电流,焊接速度可稍快,同时要适当地作横向摆动。

(4)焊接过程中,如果焊枪对准的位置不正确,引弧电压过低或焊速过慢都会使铁水的下淌,造成焊缝的下垂,如图 6 – 20(a)所示;如果引弧电压过高、焊接速度过快或焊枪朝向垂直板、母材温度过高等则会引起焊缝的咬边和焊瘤,如图 6 – 20(b)所示。

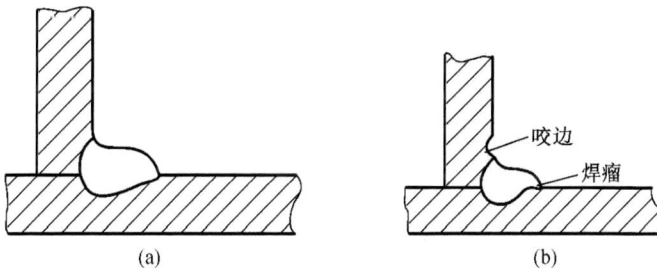

图 6 – 20　水平角焊缝的成型缺陷

三、垂直立角焊基本操作

1. 试板位置检查

试板装配符合要求后,将试板垂直位置固定。

2. 焊接工艺参数

焊接工艺参数,见表6-6。

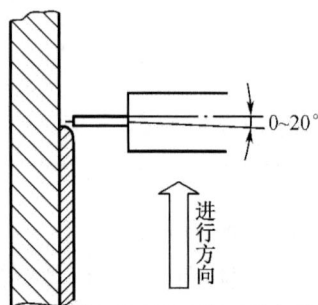

图6-21 焊枪角度示意图

表6-6 焊接工艺参数

焊道位置	焊丝直径/mm	伸出长度/mm	焊接电流/A	焊接电压/V	气体流量/(L/min)
1层1道	1.2	10~15	120~150	18~20	15~20

3. 焊接操作要点

(1)焊枪角度和指向位置采用立向上焊法,一层一道,焊枪角度如图6-23所示。

(2)调试好焊接工艺参数后,在试板的底端引弧,从下向上焊接。

(3)保持焊枪的角度始终在工件表面垂直线上下约10°左右,才能保证熔深和焊透。

(4)采用如图6-22所示的三角形送枪法摆动焊接,有利于顶角处焊透,为了避免铁水下淌,中间位置要稍快;为了避免咬边,在两侧焊趾处要稍做停留。

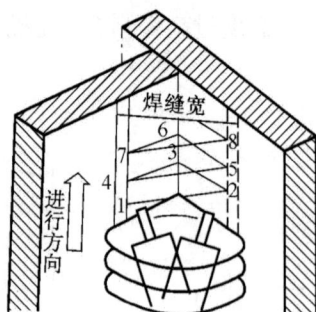

图6-22 三角形送枪法示意图

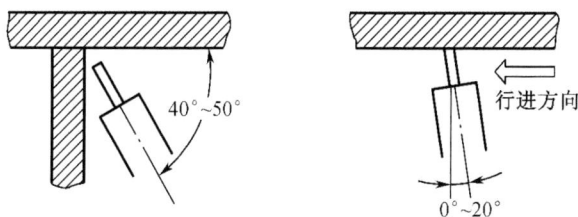

图 6 - 23　三角形送枪法摆动焊接示意图

第三节　中厚板对接单面焊双面成型

一、焊前准备

1. 试件及坡口形式

(1)材质:Q235 或 20Cr。

(2)试件尺寸:300 mm × 100 mm × 12 mm。

(3)坡口形式:V 形,角度:$a = 60°$。

(4)试板加工准备,如图 6 - 24 所示。

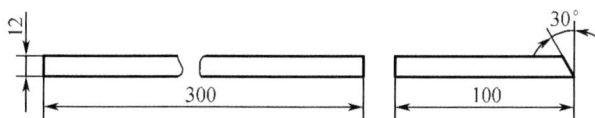

图 6 - 24　试板加工准备示意图

2. 焊接材料

H08Mn2SiA,ø1.2 mm。

3. 焊接设备

KR350。

4. 焊前清理

将坡口和靠近坡口上、下两侧15 mm~20 mm内的钢板上的油、锈、水分及其他污物打磨干净,直至露出金属光泽。为防止飞溅不好清理和堵塞喷嘴,可在焊件表面涂上一层飞溅防粘剂,在喷嘴上涂一层喷嘴防堵剂。

5.装配和定位焊

采用与正式焊接时相同的焊接材料及工艺参数,定位焊位置在试板背部的两端处,如图6-25所示。定位焊必须与正式焊接一样并焊牢,防止焊接过程中因为收缩而造成坡口变窄影响焊接。

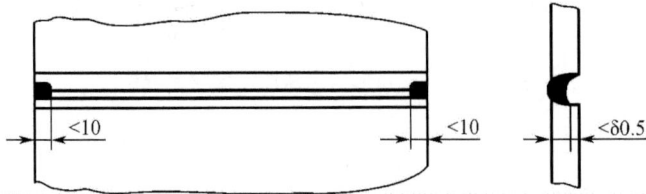

图6-25　装配和定位焊示意图

6.预留反变形

为了保证焊后试板没有角变形,要求试板在装配完正式焊接前预留反变形,如图6-26所示。通过焊缝检验尺或其他测量工具来保证反变形角度。

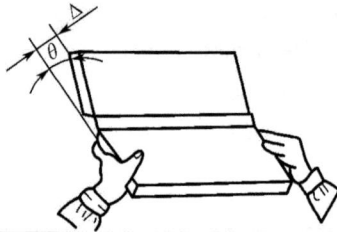

图6-26　预留反变形示意图

二、平焊位基本操作

1.试件装配尺寸

试件装配尺寸,见表6-8。

表6-7　试件装配尺寸

坡口角度/(°)	钝边/mm	装配间隙/mm	错变量/mm	反变形/(°)
60	0	始焊端:3 终焊端:4	≤1	3~4

2.焊接工艺参数

焊接工艺参数,见表6-9。

表6-8　焊接工艺参数

焊道位置	焊丝直径 /mm	伸出长度 /mm	焊接电流 /A	焊接电压 /V	气体流量 /(L/min)
打底焊	1.2	20~25	90~100	18~19	10~15
填充焊	1.2	20~25	210~230	23~25	15~20
盖面焊	1.2	20~25	220~240	24~25	15~20

3.试板位置

检查试板装配及反变形符合要求后,将试板平放在水平位置,注意将间隙小的一端放在右侧。

4.焊接操作要点

(1)焊枪角度和指向位置采用左焊法,三层三道,焊枪角度,如图6-27所示,焊道分布如图6-28所示。

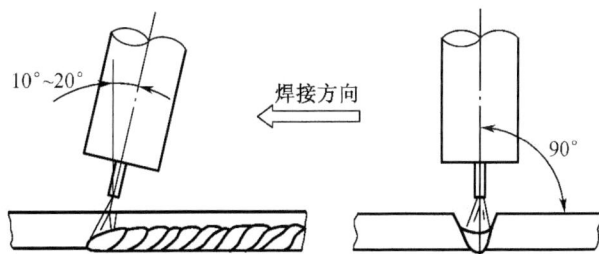

图6-27　焊枪角度示意图

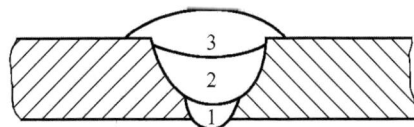

图6-28　焊道分布示意图

(2)打底焊

①控制引弧位置。首先调试好焊接工艺参数,然后在试板右端距待焊处左侧约 15 mm～20 mm 坡口一侧引燃电弧,快速移至试板右端起焊点,当坡口底部形成熔孔后,开始向左焊接。焊枪作小幅度横向摆动,在坡口两侧稍作停留,中间稍快,连续向左移动。

②控制熔孔的大小。熔孔的大小决定背部焊缝的宽度和余高,要求焊接过程中控制熔孔直径始终比间隙大 1 mm～2 mm,如图 6-29 所示。若熔孔太小,则根部熔合不好;若熔孔太大,则根部焊道变宽和变高,容易引起烧穿和产生焊瘤。这就要求焊接过程中仔细观察熔孔大小,并根据间隙和熔孔直径的变化、试板温度的变化情况及时调整焊枪角度、摆动幅度和焊接速度,施焊中只有保持熔孔直径不变,才能熟练地掌握单面焊双面成型操作技术,获得宽窄与高低均匀的背部焊道。

③保证两侧坡口的熔合。焊接过程中注意观察坡口面的熔合情况,依靠焊枪的摆动,电弧在坡口两侧的停留,保证坡口面熔化并与熔池边缘熔合在一起。

④控制喷嘴的高度。焊接过程中,始终保持电弧在离坡口根部 2 mm～3 mm 处燃烧,并控制打底层焊道厚度不超过 4 mm,如图 6-30 所示。

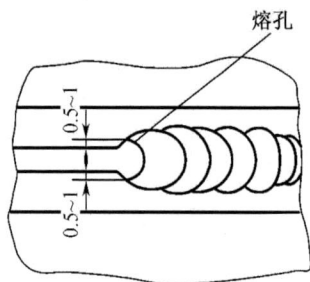

图 6-29　熔孔示意图

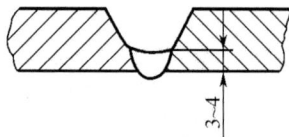

图 6-30　打底层焊道示意图

(3)填充焊

①焊接前的清理。焊前先将打底焊层的飞溅和熔渣清理干净,凸起不平的地方磨平。

②控制焊枪的摆动幅度。焊枪的摆动幅度比填充焊时更大一些,摆动时要幅度一致,速度均匀。注意观察坡口两侧的熔化情况,保证熔池的边缘超过坡口两侧的棱边并不大于 2 mm,避免咬边。

③控制喷嘴的高度。保持喷嘴的高度一致,才能得到均匀美观的焊缝表面。

④控制收弧。填满弧坑并待电弧熄灭,熔池凝固后方能移开焊枪,避免出现弧坑裂纹和产生气孔。

三、立焊位基本操作

1. 试件装配尺寸

试件装配尺寸,见表6-9。

表6-9　试件装配尺寸

坡口角度/(°)	钝边/mm	装配间隙/mm	错变量/mm	反变形/(°)
60	0	始焊端:3 终焊端:3.5	≤1	2~3

2. 焊接工艺参数

焊接工艺参数,见表6-10。

表6-10　焊接工艺参数

焊道位置	焊丝直径 /(mm)	伸出长度 /(mm)	焊接电流 /(A)	焊接电压 /(V)	气体流量/(L/min)
打底焊	1.2	15~20	90~100	18~19	10~15
填充焊	1.2	15~20	130~140	20~21	10~15
盖面焊	1.2	15~20	130~140	20~21	10~15

3. 试板位置检查试板装配及反变形符合要求后,将试板固定到垂直位置,注意将间隙小的一端放在下侧。

4. 焊接操作要点

(1)焊枪角度和指向位置。

采用立向上焊法,三层三道,焊枪角度如图6-32所示。

(2)打底焊

①控制引弧位置。首先,调试好焊接工艺参数,然后,在试板下端定位焊缝上侧15 mm~20 mm处引燃电弧,将电弧快速移至定位焊缝上,停留1~2 s后开始作锯齿形摆动,当电弧到达定位焊的上端并形成熔孔后,转入连续向上的正常焊接。

②控制焊枪角度和摆动。为了防止熔池金属在重力的作用下下淌,除了采用较小的焊接电流外,正确的焊枪角度和摆动方式也很关键。如图6-32所示,焊接过程中应始终保持焊枪角度在与试件表面垂直线上下10°的范围内,焊工要克服习

惯性地将焊枪指向上方的操作方法,这种不正确的操作方法会减小熔深,影响焊透。摆动时,要注意摆幅与摆动波纹间距的配合,小摆幅和月牙形大摆幅可以保证焊道成型好,而下凹的月牙形摆动则会造成焊道下坠,如图6-33所示。采用小摆幅时由于热量集中,要防止焊道过分凸起,为防止铁水下淌,摆动时在焊道中间要稍快,在坡口两侧稍作停留防止咬边。

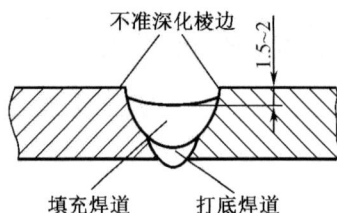

图6-31 填充焊

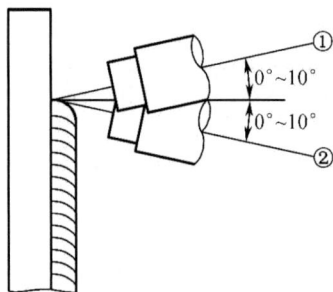

图6-32 焊枪角度示意图

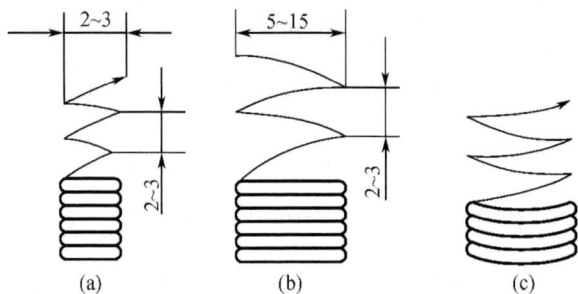

图6-33 焊枪角度和摆动示意图

③控制熔孔的大小。由于熔孔的大小决定背部焊缝的宽度和余高,要求焊接过程中控制熔孔直径,一直保持比间隙大1 mm~2 mm,如图6-34所示。焊接过程中仔细观察熔孔大小,并根据间隙和熔孔直径的变化、试板温度的变化及时调整焊枪角度、摆动幅度和焊接速度,尽可能地维持熔孔直径不变。

④保证两侧坡口的熔合。焊接过程中,注意观察坡口面的熔化情况,依靠焊枪的摆动,使电弧在坡口两侧停留,保证坡口面熔化并与熔池边缘熔合在一起。

(3)填充焊

①焊前清理。焊前先将打底焊层的飞溅和熔渣清理干净,凸起不平的地方磨平。

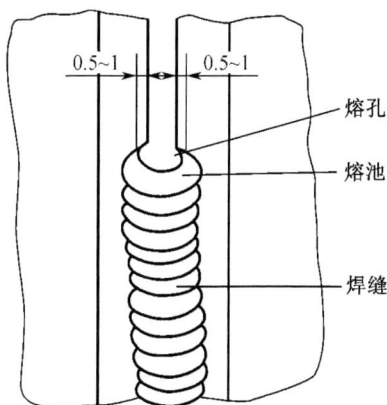

图 6 – 34　立焊时溶孔的控制示意图

②控制两侧坡口的熔合。填充焊时,焊枪的横向摆动较打底层焊时稍大些,同时,焊枪从坡口的一侧摆至另一侧时速度要稍快,防止焊道形成凸形。电弧在两侧坡口有一定的停留,保证有一定的熔深,焊道平整并有一定的下凹。

③控制焊道的厚度。填充焊时焊道的高度低于母材 1.5 mm ~ 2 mm,注意一定不能熔化坡口两侧的棱边,以便盖面时能够看清坡口,为盖面焊打好基础。

(4)盖面焊

①焊接前的清理。焊前先将填充焊层的飞溅和熔渣清理干净,凸起不平的地方磨平。

②控制焊枪的摆动幅度。焊枪的摆动幅度比填充焊层时更大些,做锯齿形摆动时注意幅度一致,速度均匀上升,注意观察坡口两侧的熔化情况,保证熔池的边缘超过坡口两侧的棱边并不大于 2 mm,避免咬边和焊瘤,同时控制喷嘴的高度和收弧,避免出现弧坑裂纹和产生气孔。

四、横焊位基本操作

1. 试件装配尺寸

试件装配尺寸,见表 6 – 12。

表6-12 试件装配尺寸

坡口角度/(°)	钝边/mm	装配间隙/mm	错变量/mm	反变形/(°)
60	0	始焊端:3 终焊端:4	≤1	6~8

2.焊接工艺参数

焊接工艺参数,见表6-12。

表6-12 焊接工艺参数

焊道位置	焊丝直径/mm	伸出长度/mm	焊接电流/A	焊接电压/V	气体流量/(L/min)
打底焊	1.2	20~25	90~100	18~20	10~15
填充焊	1.2	20~25	130~140	20~22	10~15
盖面焊	1.2	20~25	130~140	20~22	10~15

3.试板位置

检查试板装配及反变形,待其符合要求后,将试板垂直固定,焊缝位于水平位置,注意将间隙小的一端放在右侧。

4.焊接操作要点

(1)焊枪角度和焊接顺序。采用左焊法,三层六道,焊道分布如图6-35所示,按照图中1至6的焊道顺序进行焊接。

(2)打底焊

①控制引弧位置。首先调试好焊接工艺参数,然后在试板右端定位焊缝左侧15 mm~20 mm处引弧,快速移至试板右端起焊点,当坡口底部形成熔孔后,开始向左焊接。打底焊焊枪角度如图6-36所示,作小幅度锯齿形横向摆动,连续向左移动。

图6-35 焊道分布图

②控制熔孔的大小。熔孔的大小决定背部焊缝的宽度和余高,要求焊接过程中控制熔孔直径一直保持比间隙大1 mm~2 mm,如图6-37所示。焊接过程中仔细观察熔孔大小,并根据间隙和熔孔直径的变化、试板温度的变化情况及时调整焊枪角度、摆动幅度和焊接速度,尽可能地维持熔孔直径不变。

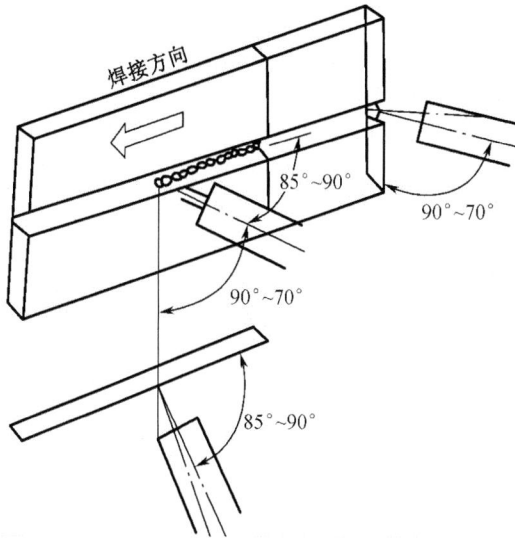

图6-36　打底焊焊枪角度示意图

　　③保证两侧坡口的熔合。焊接过程中注意观察坡口面的熔合情况,依靠焊枪的角度及摆动,控制电弧在坡口两侧的停留时间,保证坡口面的熔化,注意焊枪角度和停留时间,避免下坡口熔化过多,造成背部焊道出现下坠或产生焊瘤。

　　(3)填充焊

　　①焊接前的清理。焊前先将打底焊层的飞溅和熔渣清理干净,凸起不平的地方磨平。

　　②控制焊枪角度和摆动。填充焊时,焊枪的对准方向及角度如图6-38所示。焊接填充焊道2时,焊枪指向第一层焊道的下趾端部,形成0°~10°的俯角,采用直线式焊法;焊接填充焊道3时,焊枪指向第一层焊道的上趾端部,形成0°~10°的仰角,以第一层焊道的上趾处为中心作横向摆动,注意避免形成凸形焊道和咬边。

　　③控制焊道的厚度填充焊时焊道的高度应低于母材约0.5~2 mm,距上坡口约0.5 mm,距下坡口约2 mm,注意一定不要熔化坡口两侧的棱边,以便能够看清坡口,为盖面焊打好基础。

　　(4)盖面焊

　　①焊接前的清理。焊前先将填充焊层的飞溅和熔渣清理干净,磨平凸起不平的地方。

　　②控制焊枪的摆动幅度。盖面时焊枪的对准方向及角度如图6-39所示,盖面焊共三道,依次从下往上焊接。摆动时注意幅度一致,速度均匀,每条焊道要压

住前一焊道约 2/3,焊接盖面焊道 4 时,特别要注意坡口下侧的熔化情况,保证坡口下边缘的均匀熔化,避免咬边和未熔合。焊接盖面焊道 5 时,控制熔池的下边缘在盖面焊道 4 的 1/2—2/3 处。焊接盖面焊道 6 时,特别要注意调整焊接速度和焊枪的角度,保证坡口上边缘均匀,避免铁水下淌而产生咬边。

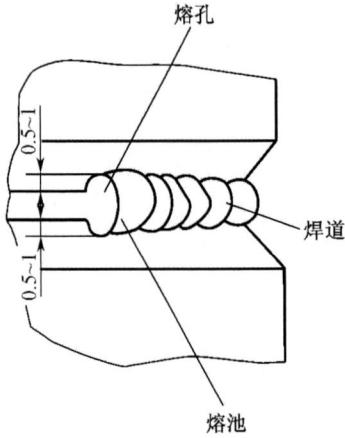

图 6 - 37　熔孔示意图

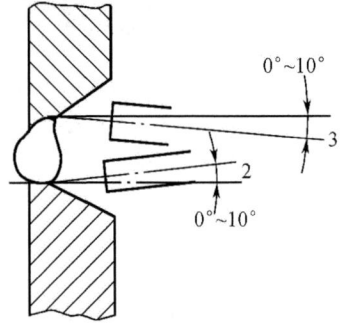

图 6 - 38　焊枪角度和摆动示意图

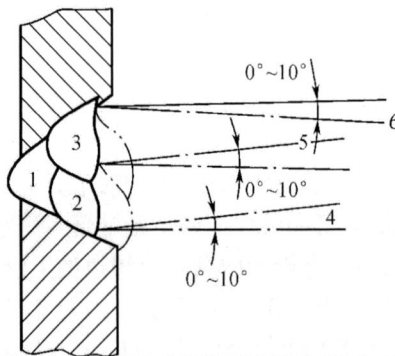

图 6 - 39　焊枪的摆动示意图

五、仰焊位基本操作

1.试件装配尺寸
试件装配尺寸,见表6-13。

表6-13　试件装配尺寸

坡口角度/(°)	钝边/mm	装配间隙/mm	错变量/mm	反变形/(°)
60	0	始焊端:3;终焊端:4	≤1	3~4

2.焊接工艺参数
焊接工艺参数,见表6-14。

表6-14　焊接工艺参数

焊道位置	焊丝直径/mm	伸出长度/mm	焊接电流/A	焊接电压/V	气体流量/(L/min)
打底焊	1.2	15~20	100~110	18~20	10~15
填充焊	1.2	15~20	140~150	20~22	10~15
盖面焊	1.2	15~20	130~140	20~22	10~15

3.试板位置
检查试板装配及反变形待其符合要求后,将试板水平固定,坡口朝下,注意将间隙小的一端放在左侧。试板高度要保证焊工能够处于蹲位或站位进行焊接,有足够的操作空间。

4.焊接操作要点
(1)焊枪角度和指向位置采用右焊法,三层三道,焊枪角度,如图6-40所示。

(2)打底焊

①控制引弧位置。首先根据表6-14调试好焊接工艺参数,然后在试板左端距待焊处右侧约15 mm~20 mm处引燃电弧,将电弧快速移至试板左端起焊点,当坡口底部形成熔孔后,开始向右连续焊接,焊枪作小幅度锯齿形横向摆动。焊接过程中,电弧不能脱离熔池,利用电弧吹力托住熔化金属,防止铁水下淌。

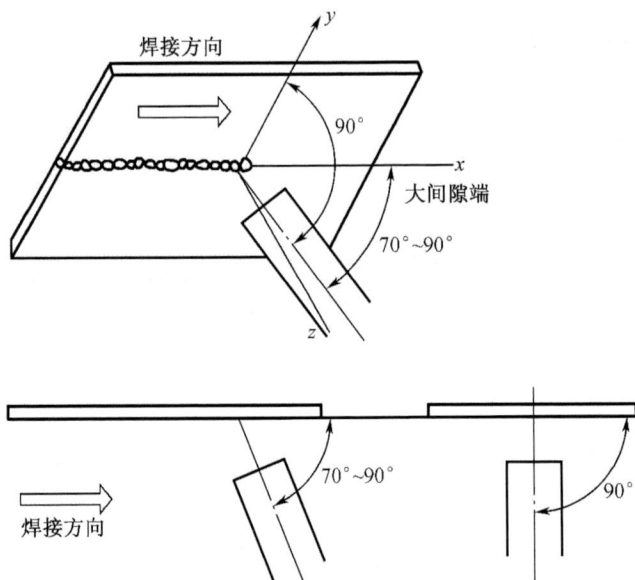

图 6-40　焊枪角度示意图

②控制熔孔的大小。打底焊的关键是保证背部焊透,下凹小,正面平,注意观察和控制熔孔的大小,如图 6-41 所示。既要保证根部焊透,又要防止焊道背部下凹而正面下坠,这就要求焊枪的摆动幅度要小,摆幅大小和前进速度要均匀,停留时间较其他位置要短,使熔池尽可能小而浅,防止金属下坠。

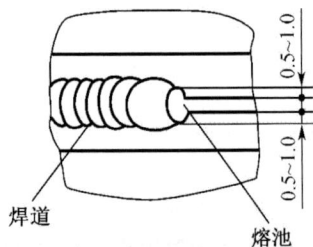

图 6-41　熔孔的控制示意图

(3)填充焊

①焊接前的清理。焊前先将打底焊层的飞溅和熔渣清理干净,凸起不平的地方磨平。

②控制两侧坡口的熔合。填充焊时,焊枪的横向摆动较打底层时稍大些,注意焊枪在两侧坡口的停留时间,保证焊道两侧既要熔合好又要防止焊道下坠。

③控制焊道的厚度。填充焊时焊道的高度低于母材约 1.5 mm～2 mm,不能熔化坡口两侧的棱边,以便盖面时能够看清坡口,为盖面焊打好基础。

(4)盖面焊

①焊接前的清理。焊前先将填充焊层的飞溅和熔渣清理干净,凸起不平的地方磨平。

②控制焊枪的摆动幅度。焊枪的摆动比填充焊时更大一些,摆动时注意一致,速度均匀。注意观察坡口两侧的熔化情况,避免咬边,保证熔池的边缘超过坡口两侧的棱边并不大于 2 mm。焊枪在从坡口的一侧摆至另一侧时应稍快些,防止熔池金属下坠产生焊瘤。

③控制收弧。填满弧坑并待电弧熄灭,熔池凝固后方能移开焊枪,避免出现弧坑裂纹和产生气孔。